Michael Müller

Experimente mit Nitinoldraht

Michael Müller

Experimente mit Nitinoldraht

Mit 57 Abbildungen

FRANZIS

Bibliografische Information der Deutschen Bibliothek

Die Deutsche Bibliothek verzeichnet diese Publikation in der Deutschen Nationalbibliografie; detaillierte Daten sind im Internet über **http://dnb.ddb.de** abrufbar.

Hinweis

Alle Angaben in diesem Buch wurden vom Autor mit größter Sorgfalt erarbeitet bzw. zusammengestellt und unter Einschaltung wirksamer Kontrollmaßnahmen reproduziert. Trotzdem sind Fehler nicht ganz auszuschließen. Der Verlag und der Autor sehen sich deshalb gezwungen, darauf hinzuweisen, dass sie weder eine Garantie noch die juristische Verantwortung oder irgendeine Haftung für Folgen, die auf fehlerhafte Angaben zurückgehen, übernehmen können. Für die Mitteilung etwaiger Fehler sind Verlag und Autor jederzeit dankbar.

Internetadressen oder Versionsnummern stellen den bei Redaktionsschluss verfügbaren Informationsstand dar. Verlag und Autor übernehmen keinerlei Verantwortung oder Haftung für Veränderungen, die sich aus nicht von ihnen zu vertretenden Umständen ergeben. Evtl. beigefügte oder zum Download angebotene Dateien und Informationen dienen ausschließlich der nicht gewerblichen Nutzung. Eine gewerbliche Nutzung ist nur mit Zustimmung des Lizenzinhabers möglich.

Satz: Fotosatz Pfeifer, 82166 Gräfelfing
art & design: www.ideehoch2.de
Druck: Legoprint S.p.A., Lavis (Italia)
Printed in Italy

ISBN 978-3-7723-**4098-7**

Vorwort

Nitinoldraht zieht sich bei Erwärmung zusammen. Das ist faszinierend anzusehen. Der Draht reagiert nicht nur auf äußere Hitze. Er lässt sich auch durch elektrischen Strom von innen heizen. Da er sich auf diese Weise gezielt und einfach steuern lässt, bietet er sich für ein weites Feld technischer Anwendungen an, sowohl im Bereich der Ingenieurwissenschaften, als auch in der Hobbytechnik. Er wird dort eingesetzt, wo etwas bewegt, festgehalten oder entriegelt werden muss, für herkömmliche Servomotoren kein Platz ist, Gewicht gespart werden muss und einfache und zuverlässige Technik gefordert ist.

Um mit dem Nitinoldraht Ihre technischen Ideen in die Tat umsetzen zu können, müssen Sie wissen, wie er sinnvoll verarbeitet und angewendet wird. Dieses Buch möchte Ihnen helfen, den Draht für sich zu entdecken. Daher erklärt es Ihnen ohne Fachchinesisch die Grundprinzipien, die Sie für Ihre eigenen Konstruktionen aus Nitinoldraht benötigen. Darüber hinaus bietet es Ihnen einige Anregungen. Diese sollen Sie einladen, mit dem Draht zu tüfteln und zu konstruieren, denn für viele technische Probleme gibt es mehr als eine Lösung. Vielleicht finden Sie eine Lösung oder Anwendung, an die bisher noch niemand gedacht hat!

Einige Zeit war es für den interessierten Laien schwer bis unmöglich, Nitinoldraht insbesondere in kleineren Mengen zu kaufen. Inzwischen hat sich die Situation gebessert, auch wenn der Draht nicht an jeder Ecke zu haben ist. Das Bezugsquellenverzeichnis in diesem Buch gibt Ihnen hierzu einige Hinweise. Bei dieser Gelegenheit bedanke ich mich herzlich bei Herrn Peter Stöhr, der professionell mit Nitinol forscht und konstruiert. Einige seiner Hinweise und Tipps zur Verarbeitung und Anwendung des Nitinoldrahts gesellen sich in diesem Buch zu meinen Erfahrungen und Ideen. Eingeflossen sind außerdem Informationen, die man unter anderem in Datenblättern und wissenschaftlichen Veröffentlichungen finden kann. Falls sich in dieses Buch Fehler eingeschlichen haben sollten, sind sie vermutlich auf meinem Schreibtisch gewachsen.

Nun steht Ihrer Bekanntschaft mit dem Nitinoldraht nicht mehr viel im Wege. Viel Spaß beim Basteln und Tüfteln!

Michael Müller

Inhaltsverzeichnis

1 Nitinol im Überblick

Nitinol gehört zu den Legierungen mit Formgedächtnis; sie werden auch Memory-Metalle genannt. Diese Legierungen haben eine besondere Eigenschaft: Sie nehmen nach Verformung ihre ursprüngliche Gestalt an, wenn sie erhitzt werden. Dieser Formgedächtnis-Effekt wurde erstmals 1932 vom schwedischen Physiker Arne Ölander an einer Legierung aus Gold und Cadmium untersucht. Seitdem wurden eine Reihe weiterer Formgedächtnis-Legierungen entdeckt. Nitinol wurde in den 1960er Jahren aus einer Nickel-Titan-Legierung entwickelt, und zwar in einem Labor der US-Marine, dem Naval Ordonance Laboratory. Aus den Anfangsbuchstaben seiner chemischen Bestandteile und dem Herkunftslabor wurde der Name dieser Legierung abgeleitet.

Die genaue Zusammensetzung, Herstellung und Werkstoffform des Nitinol sind heute für verschiedene Anwendungen optimiert. Die einzelnen Nitinoltypen unterscheiden sich unter anderem durch ihre Umwandlungstemperatur, Belastbarkeit, Verformbarkeit sowie durch ihre Haltbarkeit bei vielen aufeinander folgenden Formänderungen.

Formgedächtnis-Legierungen werden vielseitig verwendet: für hitzeempfindliche Schaltkreisunterbrecher, elektronische Schlösser, Türöffner, Ventile, winzige Instrumente für chirurgische Eingriffe, Implantate, die durch Wärme die gewünschte Form annehmen, federleichte und schadlos biegbare Brillengestelle, Tragflächen, deren Form sich unterschiedlichen Flugsituationen anpassen, Mechanismen zum Entfalten von Satellitenantennen, Antriebe für Robotergliedmaßen und für vieles mehr.

Uns interessieren hier besonders solche Nitinoldrähte, die für unermüdliches Zusammenziehen und Strecken optimiert sind. Sie sind unter mehreren umgangssprachlichen Namen und Handelsbezeichnungen bekannt, wie beispielsweise Muskeldrähte, Muscle Wires und Flexinol. Werden die Drähte erwärmt, „erinnern" sie sich an ihre kürzere Ursprungslänge, die ihnen bei der Herstellung durch einen speziellen Wärmebehandlungsprozess eingeprägt wurde. Sie ziehen sich dann auf bis zu 8 % ihrer ursprünglichen Länge zusammen und können dabei eine Arbeit verrichten, zum Beispiel ein Ventil öffnen oder einen Robotergreifer schließen. Die Arbeitsstrecke kann durch mechanische Konstruktionen verlängert werden. Wenn die Drähte abkühlen, entspannen sie sich. Sie können dann (automatisch) durch Gegenzug wieder verlängert werden und einen neuen Bewegungskreislauf ausführen. Nitinoldrähte können sowohl von außen als auch von innen durch elektrischen Stromfluss erwärmt werden.

1.1 Charakteristische Eigenschaften

Trotz seines unscheinbaren Volumens und geringen Gewichts ist Nitinoldraht erstaunlich kräftig. Mit einem wenige Millimeter dicken Nitinoldraht lässt sich die Masse von 1000 kg heben. Die Drähte, die wir typischerweise für unsere Experimente verwenden, sind dagegen nur etwa 0,1 mm dick und können immerhin 150 Gramm heben. Größere Kräfte lassen sich sowohl durch dickere Drähte erzielen als auch durch mehrere gleichzeitig arbeitende Drähte.

Üblicherweise liegt dem Draht, den Sie von einem Händler beziehen, ein Datenblatt mit seinen wichtigsten Daten bei. In der folgenden Tabelle sind für drei Drahttypen charakteristische Eigenschaften zusammengestellt.

Tabelle 1.1: Daten und Richtwerte der Nitinoldrähte

Typ	Flexinol 050 LT	Flexinol 100 LT	Flexinol 150 LT
Durchmesser	0,05 mm	0,1 mm	0,15 mm
Widerstand	510 Ohm/m	150 Ohm/m	50 Ohm/m
Aktivierungs- stromstärke[*]	min. 50 mA	min. 180 mA	min. 400 mA
Arbeitstemperatur	70 °C	70 °C	70 °C
Zugkraft (maximal)	0,343 Newton	1,47 Newton	3,23 Newton
	entspr. 35 Gramm	entspr. 150 Gramm	entspr. 330 Gramm
Kontraktion[**]	3–5 %	3–5 %	3–5 %
Kontraktionszeit[***]	0,1–1 s	0,1–1 s	0,1–1 s
Biegeradius (minimal)	2,5 mm	5 mm	7,5 mm

[*]   Bei dieser ungefähren minimalen Stromstärke zieht sich der Draht bei Zimmertemperatur langsam zusammen, während er eine mechanische Last bewegt. Siehe auch[***].

[**]   Die Kontraktion hängt vom Aufheizen und der Belastung des Drahts ab.

[***]   Die genauen Daten hängen ab von der Umgebungstemperatur und den Bedingungen der Wärmeableitung.

1.2 Heizen und Kühlen

Dünne Nitinoldrähte geben Wärme schneller an die Umgebung ab als dicke. Für dünne Drähte wie die in der Tabelle angegebenen kann der Heizstrom daher unter Umständen eingeschaltet bleiben, ohne die Drähte zu überhitzen. Die Stromstärke darf hierbei allerdings nicht zu hoch sein. Der genaue Wert der passenden Aktivierungsstromstärke hängt ab vom Drahtdurchmesser, der Umgebungstemperatur und der Drahtkühlung oder Wärmeableitung, zum Beispiel durch Luftströmungen. Die angemessene Stromstärke erkennen wir daran, dass der Nitinoldraht eine gewisse Zeit zum Aufheizen benötigt und sich nur langsam verkürzt.

Faustregel: Bis zu etwa 0,15 mm dicke Nitinoldrähte sollten wenigstens eine Sekunde zum Aufheizen und Zusammenziehen benötigen, wenn durch sie längere Zeit Heizstrom fließen soll. Die genauen Werte hängen von den Bedingungen der Drahtkühlung ab.

Durch einen kurzen Stromstoß mit höherer Stromstärke heizt sich der Nitinoldraht dagegen augenblicklich auf und verkürzt sich ebenso schnell. Da sich ein dünner Nitinoldraht unter gewöhnlichen Bedingungen in etwa ein bis zwei Sekunden wieder abkühlt und entspannt, lassen sich mit ihm entsprechend schnelle Arbeitskreisläufe aus Zusammenziehen und Dehnen verwirklichen.

Dicker Nitinoldraht benötigt eine höhere Stromstärke als dünner Nitinoldraht, um seine Arbeitstemperatur zu erreichen. Der dicke Draht gibt seine Wärme an die Umgebung langsamer ab und könnte anscheinend durch eine geringere Stromstärke aufgeheizt werden. Allerdings muss seine größere Masse aufgeheizt werden. Deshalb benötigt er eine deutlich höhere Stromstärke, wodurch seine bessere Wärmespeicherung mehr als wettgemacht wird.

1.3 Elektrischer Widerstand

Verglichen mit Kupfer, besitzt Nitinol einen hohen elektrischen Widerstand. Während ein Meter Kupferdraht mit 0,1 mm Durchmesser praktisch als Kurzschluss wirkt, besitzt Flexinol mit denselben Maßen einen Widerstand von etwa 150 Ohm. Hat der Nitinoldraht sich zusammengezogen, ist sein Widerstand etwas kleiner als im gestreckten Zustand. Der Widerstand eines halben Meters Nitinoldrahts mit 0,1 mm Durchmesser beispielsweise ist nach dem Zusammenziehen und Abkühlen um etwa 2 Ohm verringert. Denn der Draht wird nicht nur kürzer, sondern auch dicker, wobei sein Volumen etwa konstant ist. Der veränderliche Widerstand kann genutzt werden, um der steuernden Elektronik den Zustand des Drahts zurückzumelden. Der Widerstand des Nitinoldrahts ist außerdem klein genug, um auch bei kleinen elektrischen Spannungen genug Heizstrom zu leiten. Das gilt zumindest solange der Draht nicht zu lang und somit sein Widerstand nicht zu groß ist. Dann reicht der Heizstrom sogar aus, wenn der Draht zusätzlich gekühlt wird.

1.4 Kühlmethoden

Durch die Kühlung kann sich der Draht nach Abstellen des Heizstroms entspannen. Zur aktiven Kühlung werden unter anderem folgende Methoden angewendet: Kühlung durch Luftstrom (Ventilator), Kühlflüssigkeit und Kühlkörper. Für die meisten Anwendungen reicht die passive Kühlung völlig aus: Hierbei gibt der Draht die Wärme schlicht und einfach an die Umgebungsluft ab. Dünne Drähte kühlen schneller ab als dicke, da beim dünnen Draht pro Atome eine größere kühlende Drahtoberfläche zur Verfügung steht. Reicht die Kraft eines dünnen Drahts nicht aus, können mehrere Drähte gleichzeitig eingesetzt werden. Unter normalen Bedingungen kühlen sich Nitinoldrähte, wie wir sie benutzen, innerhalb von 1 bis 2 Sekunden ab. Spätestens nach dieser Zeit sind sie entspannt und können wieder gestreckt werden.

Es gibt eine weitere Möglichkeit, die zum Abkühlen des Drahts benötigte Zeit zu verringern. Dazu wird eine Sorte Nitinoldraht mit höherer Arbeitstemperatur verwendet. Verglichen mit einem Draht niedriger Arbeitstemperatur zieht sich solch ein Draht bei einer höheren Temperatur zusammen und entspannt sich auch bei einer höheren Temperatur. Da hierbei der Unterschied zwischen Drahttemperatur und Umgebung größer ist, gibt der Draht seine Wärme schneller ab.

1.5 Verlust des Formgedächtnisses

Wenn Sie darauf achten, dass der Nitinoldraht nicht überlastet wird, kann er sich je nach Drahtqualität mehrere Millionen Mal zusammenziehen und wieder ausdehnen. Überlasten Sie ihn allerdings durch zu starke Zugkräfte, wird sein kristallines Gefüge nach und nach unumkehrbar verzerrt und sein Formgedächtnis verschwindet mehr oder weniger schnell. Er kann sich dann gegebenenfalls nur noch tausend oder hundert Mal nennenswert zusammenziehen. Die mechanische Spannung des Drahts wird durch Biegung zusätzlich erhöht, zum Beispiel, wenn der Draht um eine Rolle geführt wird. Denn seine Außenseite wird dabei auseinandergezogen. Daher sollte ein minimaler Biegeradius nicht unterschritten werden. Dies gilt zumindest für den arbeitenden Teil des Drahts, also den Teil, der zwischen den Anschlüssen für den Heizstrom liegt und sich zusammenziehen soll.

Die Zeit, in der sich der Draht zusammenzieht, lässt sich durch schnelles Aufheizen nicht beliebig verkürzen. Denn der Draht soll üblicherweise eine Arbeit verrichten, indem er einen Mechanismus bewegt. Wenn sich der Draht dabei sehr schnell zusammenzieht, führt dies je nach Stärke der Belastung zu hohen mechanischen Spannungen im Draht. Ein Überheizen des Drahts wirkt sich zusätzlich negativ aus. Je schneller sich der Draht zusammenziehen soll, desto weniger sollten Sie ihn mechanisch belasten. Nicht zu vergessen: Wenn die Zugbelastung zu groß ist, reißt der Draht schlicht und einfach. Um den Nitinoldraht zu schonen und sein Formgedächtnis lange zu erhalten, sollten Sie daher nach Möglichkeit die niedrigste Stromstärke anwenden, die den gewünschten Effekt bringt.

Faustregel: Die Stromstärke, die den Nitinoldraht in etwa einer Millisekunde aufheizt und zusammenziehen lässt, wird ihn bei andauerndem Stromfluss weiter aufheizen. Solch ein elektrischer Strom sollte daher nur kurzzeitig fließen.

1.6 Vor- und Nachteile

Nitinoldraht ist wesentlich härter, biegsamer und korrosionsbeständiger als beispielsweise Kupferdraht. Trotz seiner geringen Masse und seines geringen Volumens kann Nitinoldraht erstaunliche Kräfte entwickeln. Er kann daher besonders platzsparend eingesetzt werden, und als Draht kann er in einem Gehäuse auch dort entlanggeführt werden, wo für Elektromotoren kein Raum ist. Nitinoldraht lässt sich elektrisch einfach und Energie sparend ansteuern. Ob er durch Gleich- oder Wechselstrom geheizt wird, ist ihm egal. Seine Kontraktionsfähigkeit lässt sich auch ohne innere elektrische Aufheizung nutzen, indem er von außen erhitzt wird.

Der kleine Arbeitsweg, der sich durch die relativ kleine Drahtkontraktion ergibt, kann durch mechanische Hebelkonstruktionen verlängert werden. Mit Nitinoldraht lassen sich zudem Drehbewegungen erzeugen und sogar schrittweise Bewegungen. Die Bewegungen werden im Gegensatz zu Elektromotoren geräuschlos und ohne Schwingungen erzeugt. Verglichen mit Elektromotoren ergibt die elektrische Heizung des Nitinoldrahts nur geringe elektromagnetische Abstrahlungen.

Nachteilig sind für manche Anwendungen die notwendige Aufheizung und die Abkühlphase des Nitinoldrahts. Bei der Verarbeitung des dünnen Drahts ist zudem Fingerfertigkeit erforderlich. Nitinoldraht ist sicherlich kein Ersatz für alle anderen

Aktoren, Stellglieder und Antriebe, insbesondere dort nicht, wo raumgreifende und gleichzeitig kraftvolle Bewegungen oder Antriebe gefordert sind. Nitinoldraht bietet allerdings Konstruktionsmöglichkeiten, die mit anderen Aktoren so nicht machbar sind.

1.7 Werkzeuge und Baumaterialien

Das wichtigste Werkzeug auf dem Nitinolbasteltisch ist der Seitenschneider zum Zerteilen des Nitinoldrahts. Seine Schneiden sollten mit hartem Draht zurechtkommen und nicht sofort deutliche Scharten bilden. Sie können durchaus einige Zeit mit einem Seitenschneider vom Wühltisch Glück haben. Im Allgemeinen wird er dennoch nicht so lange halten wie ein hochwertiger Seitenschneider für Stahldraht. Eine weitere Zange, die Sie benötigen werden, sollte fähig sein, Quetschverbindungen herzustellen. Das kann beispielsweise eine Flachzange sein oder eine spezielle Crimpzange, mit der Sie kleine Metallhülsen, Quetschkabelschuhe oder Ähnliches flach pressen können. Nützlich ist darüber hinaus eine Abisolierzange, mit der Sie komfortabel die Isolation um den Leitungsdraht entfernen können, sowie eine vielseitig einsetzbare Spitzzange zum Biegen und Halten von Draht.

Mit den Crimphülsen und Quetschkabelschuhen lassen sich besonders einfach elektrische und mechanische Verbindungen herstellen. Ebenso vielseitig verwendbar sind Lüsterklemmen, wie wir noch sehen werden. Wenn Sie mit Nitinoldraht tüfteln, werden Sie weitere Bauteile und Materialien benötigen. Zum Herstellen von Vorrichtungen und Testaufbauten mit Nitinoldraht bieten sich Holz und Kunststoff an. Denn diese Werkstoffe sind leicht zu verarbeiten und elektrisch nicht leitend. Kunststoff kommt besonders vielseitig in den Handel. Wir finden ihn unter anderem in Form von Leisten, Kästen, Deckeln, Rohren, Kugelschreiberhülsen und Lochrasterplatten für elektronische Schaltungen. Viele dieser Materialien können wir als Abfallprodukte für unsere Zwecke weiterverwenden. Wenn Sie Kunststoff und insbesondere Plexiglas maschinell bearbeiten, sollten die Bohrer, Sägen und Fräsen nicht zu schnell laufen. Andernfalls wird das Material halb flüssig, verklebt die Schneidewerkzeuge und verschmiert sowohl Bohrlöcher als auch Sägeschnitte. Ein Werkzeug, das die Zeit für die Bearbeitung von Holz und Kunststoff deutlich verkürzen kann, ist das Feinbohrschleifgerät. Je nach verwendetem Aufsatz kann es bohren, schleifen, schneiden, fräsen oder polieren. Um schnell mal ein kleines Loch in Holz oder Kunststoff zu bohren, ist ein kleiner Handbohrer unersetzlich.

Dort, wo elektrische Leitfähigkeit und besondere Stabilität gefordert sind, bietet sich Metall als Werkstoff an. Speziell in der Form von Federstahldraht verwenden wir ihn für federnde Bauelemente. Er ist unter anderem im Modellbauhandel zu bekommen. Eine leicht erreichbare Quelle für das Stück Draht zum Basteln hat

Achtung! Wir sollten beachten, dass Holz und Kunststoff schwelen, brennen und schmelzen können. In Kombination mit heißem Nitinoldraht sollten wir daher umsichtig handeln. Im Allgemeinen ist die Heizleistung des Drahts bei kleinen elektrischen Spannungen zu gering, um sofort massives Holz oder massiven Kunststoff zu entzünden. Dennoch kann es unter Umständen vorkommen, dass stärkere Ströme fließen, die den Draht übermäßig aufheizen. Dies kann beispielsweise geschehen, weil ein Teil des Nitinoldrahts kurzgeschlossen ist. Es ist empfehlenswert, leicht brennbare Materialien vom Draht fern zu halten. Zudem sollte der geheizte Nitinoldraht nicht unbeobachtet sein, damit im Notfall sofort der Stromfluss unterbrochen werden kann.

wohl jeder zu Hause: die Büroklammer. Schrauben und Muttern werden wir zum Befestigen von Bauelementen, Nitinoldraht und Leitungsdraht verwenden. Hauptsächlich benötigen wir kleinere Schrauben in den Größen M2 bis M4.

Das wichtigste Messgerät beim Nitinolbasteln ist das Zentimetermaß. Zudem ist ein Multimeter zum Messen der elektrischen Spannung, der Stromstärke und des Widerstands ausgesprochen nützlich. Ebenso nützlich ist ein regelbares Labornetzgerät, das einem schnell und exakt die benötigte elektrische Spannung für einen Testaufbau zur Verfügung stellt. Ansonsten verwenden wir vor allem Batterien und Akkus als Energiequelle. Häufig benötigen wir eine Spannung von 3 Volt. Damit wir mit Standardbatterien auskommen, verwenden wir am einfachsten einen Batteriehalter für zwei 1,5-Volt-Batterien und schalten die Batterien in Reihe.

2 Verarbeitung des Nitinoldrahts

Wenn Sie Nitinoldraht in Ihren Konstruktionen verwenden, müssen Sie ihn vor allem schneiden und Verbindungen herstellen, die den Heizstrom leiten und die Zugkraft übertragen. Hierbei können Sie Nitinoldraht nicht so einfach verarbeiten wie Kupferdraht. Denn er lässt sich schwer schneiden und im Allgemeinen nicht sinnvoll löten. Die haarfeinen Nitinoldrähte erfordern zudem Fingerfertigkeit und Übung. Als Verbindungstechniken kommen für uns hauptsächlich Festklemmen, Schrauben und Crimpen (Quetschverbindung) in Frage. Diese Techniken sind einfach durchzuführen und verhältnismäßig stabil.

Tipp: Haarfeiner Nitinoldraht, der sich „selbstständig gemacht hat", ist, je nach Untergrund und Beleuchtung, schwer wiederzufinden. Daher kann es sinnvoll sein, eines seiner Enden mit beispielsweise Kreppklebeband zu markieren oder an den Tisch zu kleben.

2.1 Schneiden

Sie können Nitinoldraht mit einem Seitenschneider zerteilen. Das muss nicht unbedingt ein spezielles Werkzeug für harten Stahldraht sein. Mit etwas Glück genügt ein Seitenschneider vom Wühltisch, um mit dem Nitinoldraht erste Erfahrungen zu sammeln. Der Draht sollte in den Schneiden allerdings nicht sofort deutliche Scharten hinterlassen.

2.2 Crimpen

Beim Crimpen wird eine Metallhülse gequetscht und dadurch eine Drahtverbindung oder ein Verbindungselement geschaffen. Sie können den Draht zu einer Schlaufe biegen und diese durch Crimpen sichern. Oder Sie pressen den Nitinoldraht in der Hülse an ein anderes Bauelement, beispielsweise an einen Ring zum Anschrauben, einen Haken zum Aufhängen, eine Stahlfeder, die den entspannten Nitinoldraht wieder streckt, oder an die elektrische Leitung für den Heizstrom. Federn, Haken und Ringe müssen hierbei nicht unbedingt nur Halte- und Rückholfunktionen übernehmen. Wenn sie elektrisch leitfähig sind, können sie, falls gewünscht, auch den Heizstrom leiten.

Im einfachsten Fall lässt sich hierfür die eine oder andere Form des Quetschkabelschuhs verwenden, der im Elektrohandel verkauft wird. Diese Bauteile werden üblicherweise über das Ende eines Kupferkabels oder einer Kupferlitze gesteckt und mit einer Zange flachgepresst, so dass sie mit dem Draht fest verbunden sind. Kabelschuhe und Steckhülsen gibt es in verschiedenen Ausführungen und Größen, zum Beispiel mit Ring zum Anschrauben. Damit der haarfeine Draht nicht bei Zug herausrutscht, wird in ihn ein Knoten geschlagen, in die Hülse eingeführt und festgequetscht.

Solche Kabelschuhe können Sie zudem als universelle Konstruktionselemente verwenden. Denn an ihnen lassen sich auch Anschlussleitungen und dickere Drähte festklemmen, die als Form gebende Strukturelemente dienen können.

Universell verwendbare Crimphülsen können Sie auch selbst herstellen. Denn die

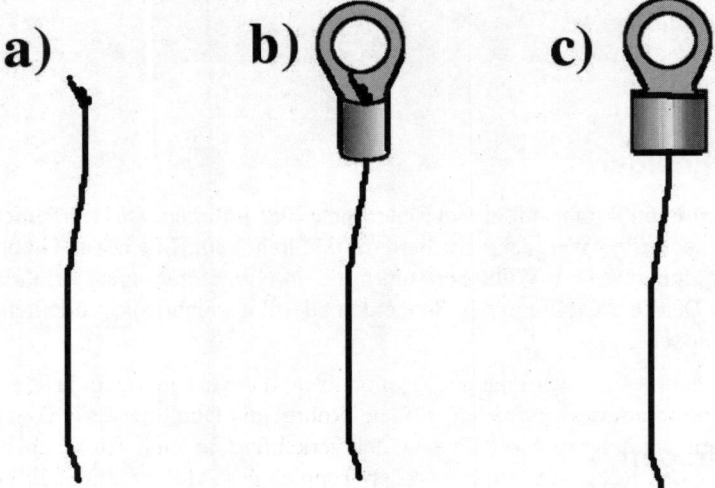

Abb. 2.1: In das Ende des Nitinoldrahts wird ein Knoten geschlagen und in die Hülse des Quetschkabelschuhs eingeführt. Sobald die Hülse mit einer Zange kräftig flach gepresst ist, kann der Ring verschraubt werden und als mechanischer sowie als elektrischer Anschluss dienen.

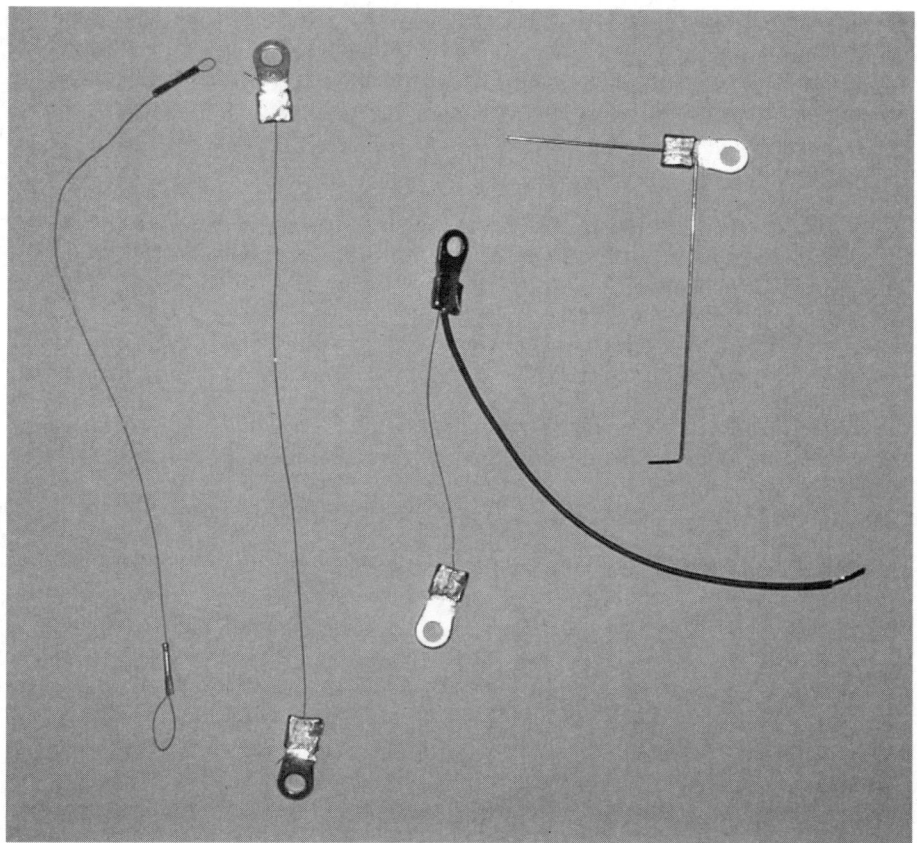

Abb. 2.2: Aus selbst gefertigten Crimphülsen lassen sich Nitinoldrahtschlaufen herstellen (links). Quetschkabelschuhe lassen sich nicht nur als Verschraubungsringe
für Nitinoldrähte und Anschlusskabel verwenden (Mitte). Zusammen mit dickerem
Draht dienen sie als universelle Konstruktionselemente (rechts).

typischerweise 4 bis 10 mm langen Crimphülsen, die wir benötigen, lassen sich von
einem Aluminiumrohr abtrennen. Solche Rohre mit Durchmessern von wenigen
Millimetern werden im Modellbauhandel verkauft. Um eine Hülse abzutrennen,
können Sie das Rohr unter einer geraden Teppichmesserklinge hin- und herrollen.
Dabei sollte das Rohr ringförmig eingekerbt und schließlich durchgeschnitten oder
abgebrochen werden. Wenn das Rohr rutscht, statt zu rollen, ist die Reibung zwischen Rohr und Unterlage zu klein. In diesem Fall können Sie Schleifpapier als
Unterlage verwenden.

Alternativ können Sie Messingrohr verwenden; es lässt sich allerdings schwerer verarbeiten und zusammenpressen. Wie das Aluminiumrohr lässt es sich mit dem Teppichmesser ringförmig einkerben. Alternativ lässt sich hierzu eine Metallsäge verwenden. Mit einer Zange können Sie dann die zukünftige Crimphülse vom Rest des Rohrs abbrechen, vorsichtig, ohne die Hülse zu verbiegen oder zu quetschen. Die beim Abbrechen entstehenden scharfen Grate an der Rohr- und Hülsenmündung lassen sich von Hand mit einem 1-mm-Bohrer glätten.

Mit den selbst gebastelten Crimphülsen können Sie Verbindungen nach folgenden zwei Prinzipien herstellen:

Drahtschlaufe: Der Draht wird durch eine etwa 1 bis 2 mm Ø messende Hülse geführt. Das Drahtende wird zu einer Schlaufe gebogen und in Gegenrichtung durch die Hülse hindurchgefädelt. In das Ende wird ein Knoten geschlagen und dieser in die Hülse gezogen. Die Crimphülse wird danach mit einer Zange kräftig zusammengepresst. Mithilfe der Schlaufe kann nun der Nitinoldraht an ein anderes Bauteil geschraubt oder gehängt werden.

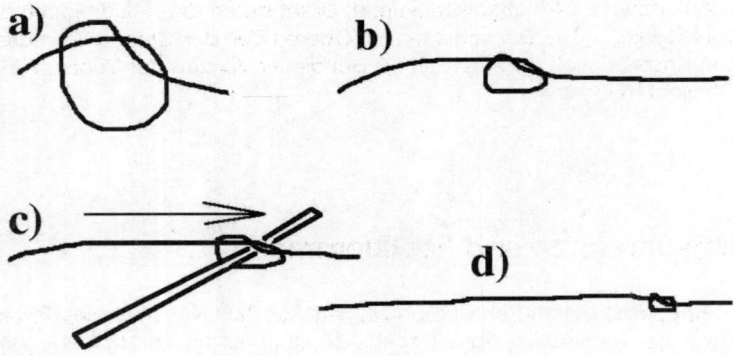

Abb. 2.3: Nitinoldrahtknoten: a) In den Draht wird großräumig ein Knoten geschlagen und b) etwas zusammengezogen. c) Mit einem dünnen Stab oder Schraubendreher wird der Knoten an die gewünschte Position geschoben. d) Dort wird er sanft zusammengezogen.

Quetschbefestigung: Mit einer Crimphülse wird der Nitinoldraht beispielsweise an einem dickeren Stahldraht befestigt. Der Innendurchmesser der Hülse muss natürlich groß genug sein, um beide Drähte aufnehmen zu können. Der Nitinoldraht wird zunächst durch die Hülse gefädelt. Damit er fest sitzt, wird in ihn ein Knoten geschlagen, sanft zugezogen, in die Hülse zurückgezogen und am Stahldraht festgequetscht.

a)   b)   c)   d)   e)   f)

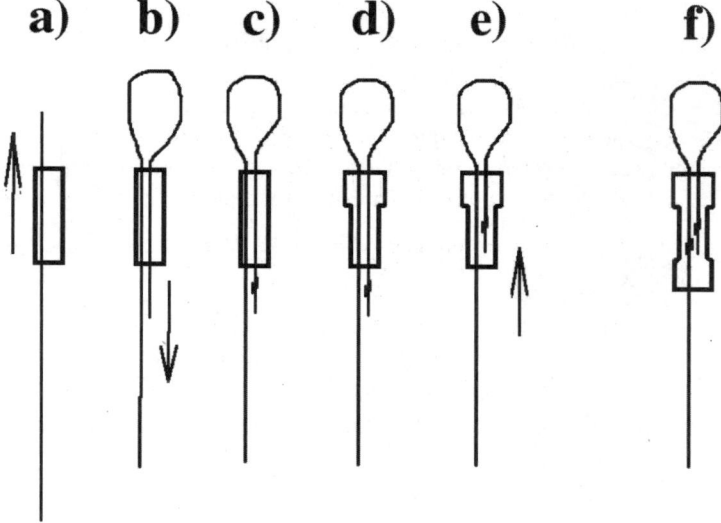

Abb. 2.4: Anfertigen einer Nitinolschlaufe: a) Draht durch die Hülse fädeln. b) Drahtende zurückfädeln. c) Knoten schlagen. d) Oberen Teil der Crimphülse zusammenpressen. e) Knoten in die Hülse ziehen. f) Bei dieser Version der Schlaufe lässt sich
ihre Größe nicht mehr ändern.

2.3 Festschrauben und Festklemmen

Um den Nitinoldraht festzuschrauben, können Sie ihn, wie oben beschrieben, mit
einer Crimphülse vorbereiten. Entweder verwenden Sie hierfür einen Quetschkabelschuh mit Ring, oder Sie stellen eine Nitinolschlaufe her. Ring und Schlaufe können
Sie zusammen mit Unterlegscheiben festschrauben; bei Bedarf verschrauben Sie
zusätzlich Lötösen.

Am einfachsten können Sie Nitinoldraht befestigen, indem Sie ihn festklemmen.
Der Draht lässt sich beispielsweise zwischen dem Schraubenkopf und dem Montagerahmen einklemmen. Alternativ können Sie ihn zwischen die Schraubenmutter
und den Montagerahmen oder zwischen zwei Muttern zwängen. Unterlegscheiben
vergrößern bei Bedarf die Klemmfläche.

Nitinoldraht kann prinzipiell auch mithilfe einer Lüsterklemme gehalten werden.
Gegebenenfalls muss die Klemmschraube zurechtgefeilt werden, damit sie passgenau gegen die Innenwand der Klemme geschraubt werden kann und dem

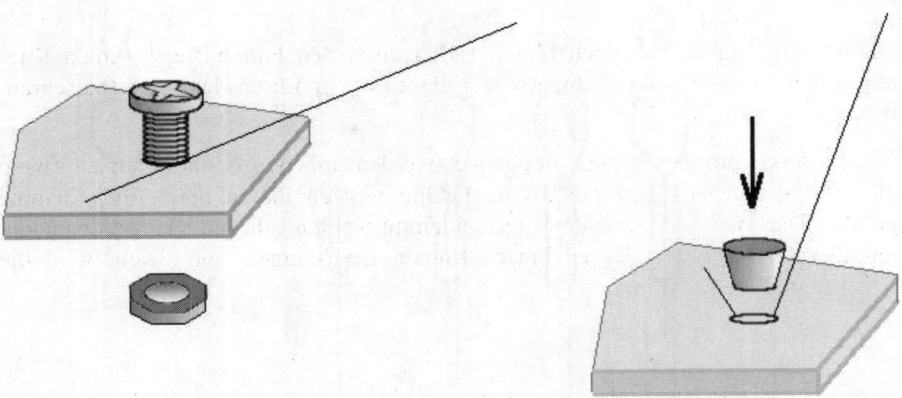

Abb. 2.5: Zwei Möglichkeiten von vielen, Nitinoldraht festzuschrauben und festzuklemmen.

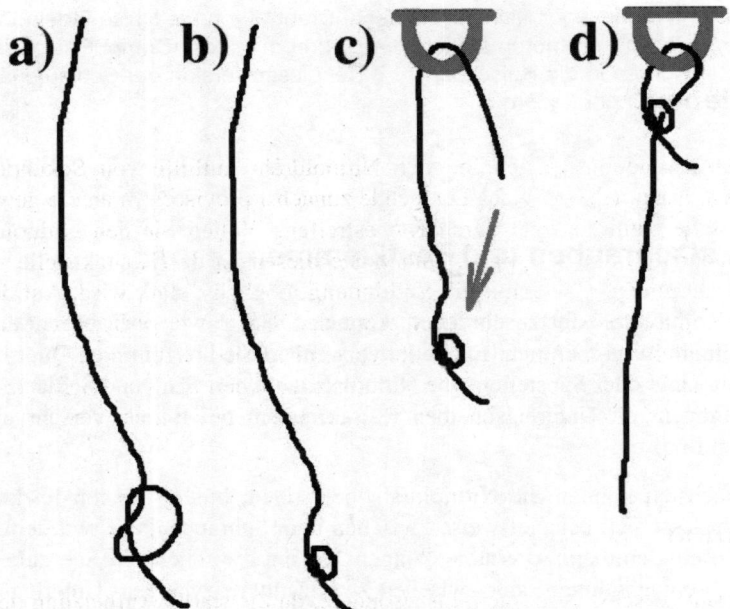

Abb. 2.6: Mithilfe eines Knotens lässt sich eine Schlaufe anfertigen.

Nitinoldraht kein Schlupfloch bleibt. Es ist auf jeden Fall hilfreich, einen Knoten in den Nitinoldraht zu schlagen und diesen in der Lüsterklemme festzuschrauben.

Die Lüsterklemme kann auch verwendet werden, um den Nitinoldraht an einem dickeren Draht zu befestigen. Beide Drähte werden hierzu durch die Klemme geführt. Dort, wo der Nitinoldraht festgeklemmt werden soll, muss er um den anderen Draht gewunden oder zu einem Knoten geschlungen sein. Dann wird die Klemmschraube festgedreht.

2.4 Festknoten

Wenn es schnell gehen soll, können Sie Nitinoldraht schlicht und einfach wie einen Bindfaden verknoten oder eine Schlaufe bilden. Ziehen Sie den Knoten dabei mit Gefühl zu, damit der Draht nicht bricht. Mit einem Tropfen Sekundenkleber können Sie verhindern, dass er eventuell aufribbelt.

2.5 Kleben

Je nach Anwendung können Sie den Nitinoldraht mithilfe von Sekundenkleber befestigen. Dazu heften Sie das Drahtende zunächst provisorisch an die gewünschte Kontaktstelle, zum Beispiel durch Klebestreifen. Wollen Sie den Nitinoldraht an einem anderen Draht befestigen, sollten Sie diesen an der Kontaktstelle mit dem Nitinoldraht umwickeln, damit die Verbindung möglichst stark wird. Auf den elektrischen Kontakt muss ebenfalls geachtet werden. Um ihn zu verbessern, können Sie etwas Silberleitlack auftragen. Schließlich wird an der getrockneten Kontaktstelle der Sekundenkleber aufgetragen, der nur noch aushärten muss. Beim Auftragen des Klebers darf der elektrische Kontakt nicht unterbrochen werden

2.6 Löten

Nitinoldraht ist schwer zu löten, insbesondere, da die starke Aufheizung den Draht unbrauchbar macht.

2.7 Kontaktmaterial

Nitinoldraht kann im Einsatz leicht Temperaturen von über 100 °C erreichen. Das Material, das ihm nahe kommt, muss daher hitzebeständig sein. Wenn es den Nitinoldraht berührt, muss es zudem elektrisch isolieren, damit es den Strom nicht als Kurzschluss um den Draht herumführt. In Frage kommen daher unter anderem hitzebeständige Kunststoffe, Lochrasterplatten für elektronische Schaltungen, Glas und Keramik.

2.8 Nicht durchhängen lassen

Nitinoldraht darf nicht „durchhängen", damit er seine Arbeit verrichten kann. Wenn er zu lasch verankert ist, kann er mit seiner geringen Verkürzung keine Zugkraft auf das zu bewegende Bauteil ausüben.

2.9 Reibungsprobleme

Sie können ein Boot leichter festhalten, wenn Sie das Ende des Haltetaus nicht nur mit Ihren Händen halten, sondern mehrfach um einen Poller winden. Die Haftreibung zwischen Tau und Poller ist hierbei Ihr Helfer. Wenn Sie dagegen den Nitinoldraht um eine Rolle oder ein Rohr winden oder allgemein über eine gekrümmte Oberfläche führen, kann die Haftreibung ein ernstes Problem werden. Denn sie hindert den Draht mehr oder weniger stark daran, über die Oberfläche zu gleiten und sich zusammenzuziehen. Das kann dazu führen, dass wenig oder gar nichts von der Zugkraft beim zu bewegenden Bauteil ankommt oder dass sich der Draht weniger oder gar nicht verkürzt. Wie viel von der Kraft ankommt, hängt stark von der Zahl der Windungen ab. Da die Stärke der Reibung außerdem vom Material abhängt, sind harte Oberflächen mit geringer Reibung vorzuziehen. Unter Umständen müssen Sie auf ein paar Windungen verzichten, oder Sie gleichen die verringerte Zugkraft durch mehrere oder dickere Nitinoldrähte aus.

2.10 Oxidschicht entfernen

Bei manchen Anwendungen kann es notwendig sein, die Oxidschicht des Nitinoldrahts zu entfernen. Denn an seinen elektrischen Kontaktstellen kann sie große Übergangswiderstände bilden. Insbesondere, wenn mehrere Nitinoldrähte gleichzei-

tig mit gleicher Kraft zusammenarbeiten sollen, kann es nötig sein, dort die Oxid-
schichten zu entfernen. Wenn sie unterschiedlich stark ausgebildet sind, führen sie
möglicherweise zu unterschiedlich starken Kontraktionen der Nitinoldrähte. Außerdem verfälscht die Oxidschicht die Messung des elektrischen Widerstands des
Drahts. Sie können sie leicht mithilfe feinen Schleifpapiers entfernen, indem Sie
es falten und den Draht an der geplanten Kontaktstelle mehrfach durch den Falz
ziehen, bis er glänzt.

2.11 Elektrische Anschlüsse

Es ist meistens einfach und sinnvoll, wenn die mechanische Befestigung des Nitinoldrahts gleichzeitig als elektrischer Anschluss für den Heizstrom dient. Meistens
bietet es sich sowieso an, das Anschlusskabel ähnlich wie den Nitinoldraht zu befestigen. Wenn Sie eine Lüsterklemme verwenden, ist dies offensichtlich. Sie können
außerdem an das Ende des Kabels einen Kabelschuh mit Ring pressen oder das
Ende zu einer Öse biegen. Dann lässt sich das Kabel zusammen mit dem Nitinoldraht auf eine Schraube stecken und mit einer Mutter festklemmen. Sie können den
Nitinoldraht zudem um das Ende des Anschlusskabels winden und beide Drähte
zusammen in der Hülse des Quetschkabelschuhs einklemmen. Zudem lässt sich das
Anschlusskabel verlöten, wenn Sie eine Lötöse zusammen mit dem Nitinoldraht auf
die Schraube schieben.

3 Erste Experimente zum Aufwärmen

Um ein Gefühl für die Eigenschaften des Nitinoldrahts zu bekommen, werden wir jetzt ein paar einfache Experimente durchführen. Hierbei haben Sie gleichzeitig die Möglichkeit, die Verarbeitung des Nitinoldrahts und Ihre Fingerfertigkeit zu trainieren. Wenn der Draht am Anfang nicht gleich so will wie Sie, haben Sie bitte etwas Geduld.

Vorsicht! Bitte beachten Sie, dass der Nitinoldraht unter Umständen über 100 °C heiß werden kann, wenn durch ihn der Heizstrom fließt. Es ist daher ratsam, umsichtig mit ihm umzugehen, keine leicht brennbaren Materialien in seine Nähe zu bringen, ihn nur begrenzte Zeit zu heizen und dabei nicht unbeobachtet zu lassen. Nach Unterbrechung des Stroms kühlt er augenblicklich wieder ab.

Nitinoldraht, der das erste Mal erhitzt wird, raucht möglicherweise etwas. Das ist normal, da eventuelle Verunreinigungen der Drahtoberfläche verbrennen. Stärkere Rauchentwicklung deutet dagegen auf eine starke Überhitzung hin, zum Beispiel, weil ein Teil des Nitinoldrahts kurzgeschlossen ist oder die angelegte Spannung zu hoch ist. Die Stromzufuhr sollte in diesem Fall sofort unterbrochen werden.

3.1 Prozentuale Verkürzung und Kraftaufwand zum Strecken

Um wieviel Prozent kann sich ein Nitinoldraht zusammenziehen? Wovon hängt dieser Wert ab? Diese Fragen beantworten wir mithilfe eines Stücks 0,1 mm dicken Nitinoldrahts, zum Beispiel Flexinol 100 LT. An den Enden des Drahts sollten Schlaufen oder Quetschkabelschuhe mit Ring befestigt sein, wie es im Kapitel „Verarbeitung des Nitinoldrahts" beschrieben wurde. Das Drahtstück dazwischen sollte 10 cm lang sein.

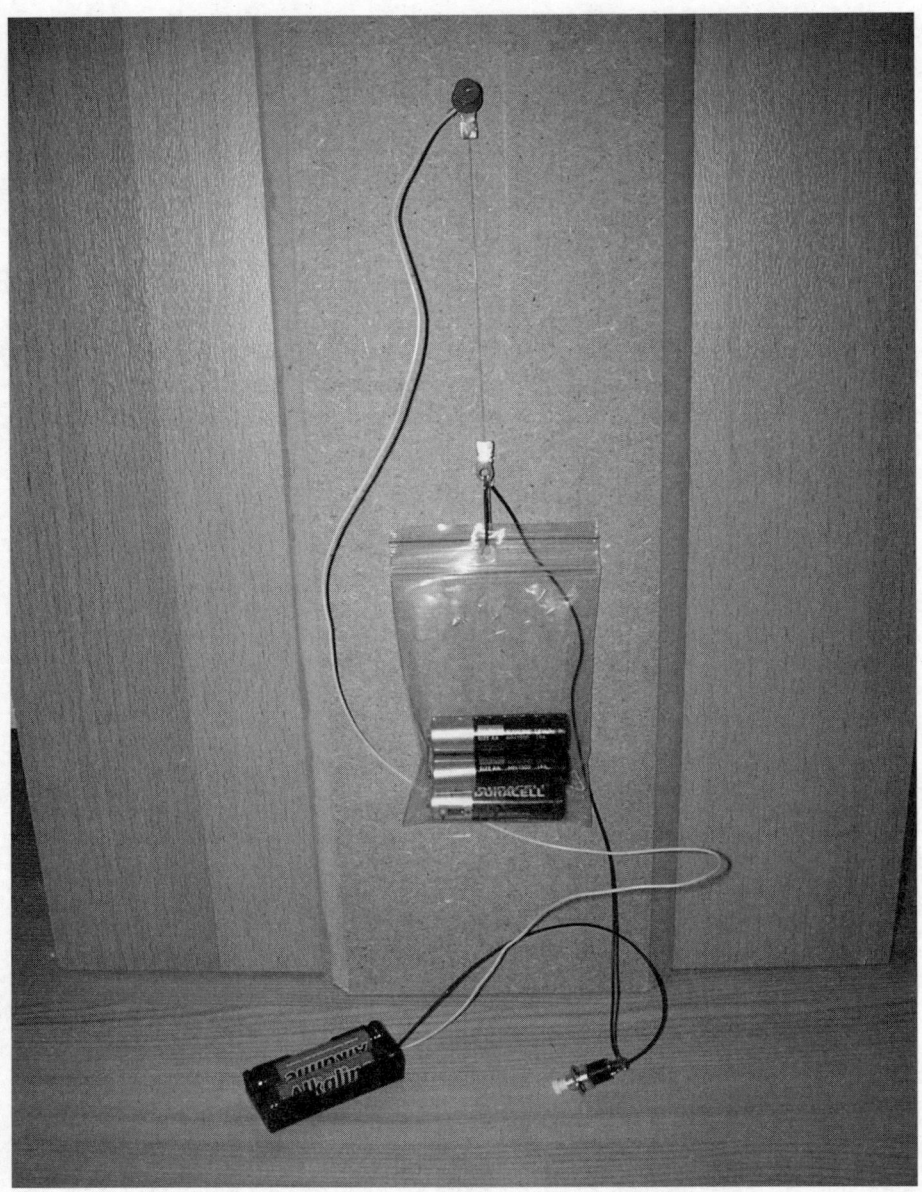

Abb. 3.1: Mit diesem Versuchsaufbau wird die Verkürzung des Nitinoldrahts gemessen.

Materialien:

- 1 Nitinoldraht, 0,1 mm dick, wie oben beschrieben (z. B. Flexinol 100 LT)
- 1 Brett, länger als der Nitinoldraht
- 3 isolierte Leitungsdrähte
- zwei 1,5-Volt-Batterien samt passendem Batteriehalter
- 1 Drucktaster, der den Stromkreis schließt, solange er gedrückt wird
- 1 Pinwandnadel
- 1 Büroklammer
- 1 Bleistift
- 1 Zentimetermaß
- Mehrere bekannte Gewichte: z. B. 1- oder 2-Euro-Münzen (8 g), 1,5-Volt-Batterie vom Typ AA (etwa 24 g), Typ AAA (etwa 10 g), Schokoriegel (Gewichtsangabe auf Verpackung), Tafel Schokolade (100 g)

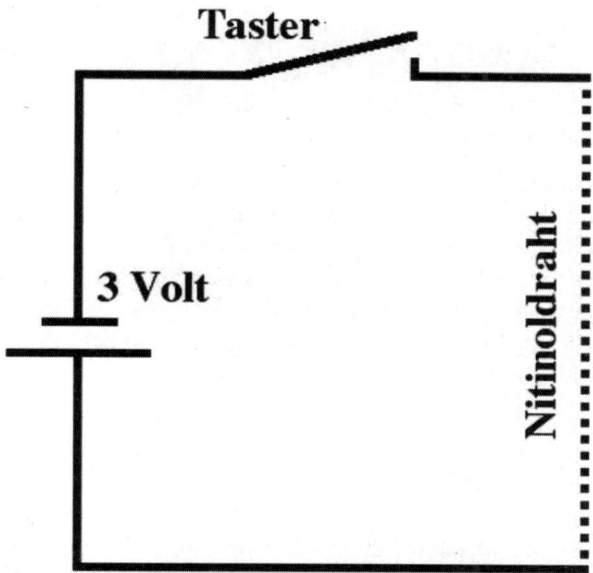

Abb. 3.2: Schema des Experiments

Wir stellen das Brett senkrecht und kippsicher auf, beispielsweise an eine Wand. An den Schlaufen oder Ringen des Nitinoldrahts befestigen wir die Enden zweier Leitungsdrähte. Das freie Ende des einen Drahts verbinden wir mit einem Anschluss des Drucktasters. Den anderen Anschluss des Drucktasters verbinden wir mit dem dritten Leitungsdraht. Diesen und den noch freien Leitungsdraht schließen wir an den Batteriehalter an, in den wir zwei 1,5-Volt-Batterien legen. Den Nitinoldraht hängen wir nun mit einem seiner Enden und mithilfe der Pinwandnadel an das Brett. An das andere Ende des Nitinoldrahts hängen wir mithilfe einer Büroklammer einen kleinen Plastikbeutel. In diesen Beutel füllen wir zuerst nur ein kleines Gewicht, zum Beispiel ein oder zwei Münzen.

In Höhe des unteren Endes des Nitinoldrahts markieren wir das Brett mit dem Bleistift. Nun beobachten wir den Draht und drücken den Taster möglichst kurz, vielleicht für wenige Zehntelsekunden. Sobald sich der Draht verkürzt hat, markieren wir wie eben die Position seines unteren Endes. Das Gewicht, das am Nitinoldraht hängt, ist zu klein, um ihn wieder zu strecken. Daher können wir uns dabei Zeit lassen und dehnen nach jedem Versuch den Nitinoldraht vorsichtig von Hand auf seine ursprüngliche Länge von 10 cm. Meine Messungen ergaben hierbei Verkürzungen zwischen etwa 2 und 3 mm. Das bedeutet prozentual eine Verkürzung von 2 bis 3 %. Der Wert, den Sie messen, kann sich, je nach Dauer Ihres Stromimpulses, hiervon unterscheiden.

Nun drücken wir den Taster etwas länger – für etwa eine oder zwei Sekunden – und messen erneut die Drahtverkürzung. Meine Messungen ergaben hierfür 5 mm, also eine Verkürzung um 5 %. Ein länger dauernder Heizstrom führt demnach zu einer deutlicheren Verkürzung.

Wie viel Kraft benötigen wir eigentlich, um den verkürzten Nitinoldraht zu strecken? Um das herauszufinden, verkürzen wir den Draht per Stromstoß und füllen danach den Plastikbeutel mit bekannten Gewichten auf. Ein- und Zwei-Euro-Münzen wiegen beispielsweise je 8 Gramm; andere mögliche Gewichte sind oben in der Materialienliste aufgeführt. Ab einem Gewicht von über 50 Gramm begann mein Draht sich langsam zu strecken. 50 Gramm entsprechen einem Drittel der Zugkraft, die der 0,1 mm dicke Draht selbst erzeugen kann.

Nun messen wir noch einmal die Verkürzung des Nitinoldrahts. Diesmal soll der Draht jedoch ein größeres Gewicht heben. Daher hängen wir etwa 100 Gramm an sein Ende – das Gewicht einer Tafel Schokolade – und heizen ihn mit einem kurzen Stromstoß von nicht mehr als einer Sekunde Dauer. Der Draht dürfte sich dabei um etwa 4 % verkürzen. Wir können diesen Versuch noch etwas erweitern, indem wir das Gewicht erhöhen und für jedes Gewicht nach und nach die Heizzeit verlängern. Dabei sollten wir in kleinen Schritten vorgehen. Um den Draht zu schonen, sollten wir jeweils nicht länger als ein oder zwei Sekunden heizen. Sonst kann es passieren, dass der Draht überstrapaziert wird, insbesondere, wenn wir an seine Kraftgrenze von 150 Gramm gehen. Der Draht kann reißen, wenn er sich zu schnell zusammenzieht, oder sein Formgedächtnis verlieren

Diese Messungen konnten wir aufgrund der einfachen Versuchsanordnung nicht übermäßig genau durchführen. Trotzdem verdeutlichen sie uns greifbar die Eigenschaften des Nitinoldrahts: Er kann trotz seiner geringen Masse ein beachtliches Gewicht heben, wenn auch nur eine kurze Strecke. Der Draht verkürzt sich je nach Aufheizung um etwa 2 bis 5 %. Wenn er eine Last zu bewältigen hat, können wir eher mit 4 % rechnen.

In den folgenden Experimenten werden wir die Stromstärke, die wir zum Heizen des Drahts brauchen, genauer untersuchen.

3.2 Aktivierungsstromstärke

Bei den vorherigen Experimenten haben wir ein kurzes Stück Nitinoldraht mit kurzen Stromstößen erwärmt, um es nicht durch hohen Dauerstrom zu überhitzen. Jetzt wollen wir herausfinden, wie klein der Heizstrom sein darf, um noch Wirkung zu zeigen. Wie hoch muss die Stromstärke durch den Nitinoldraht also mindestens sein, damit er sich zusammenzieht? Wie hängen die Stromstärke, die angelegte Spannung und die Drahtlänge zusammen? Diese Fragen können wir mithilfe folgender Bauteile herausfinden und verzichten hier bewusst auf ein regelbares Labornetzgerät und ein Multimeter. Das einzige Messgerät, das wir zum Messen der Stromstärke benötigen, ist ein Zentimetermaß.

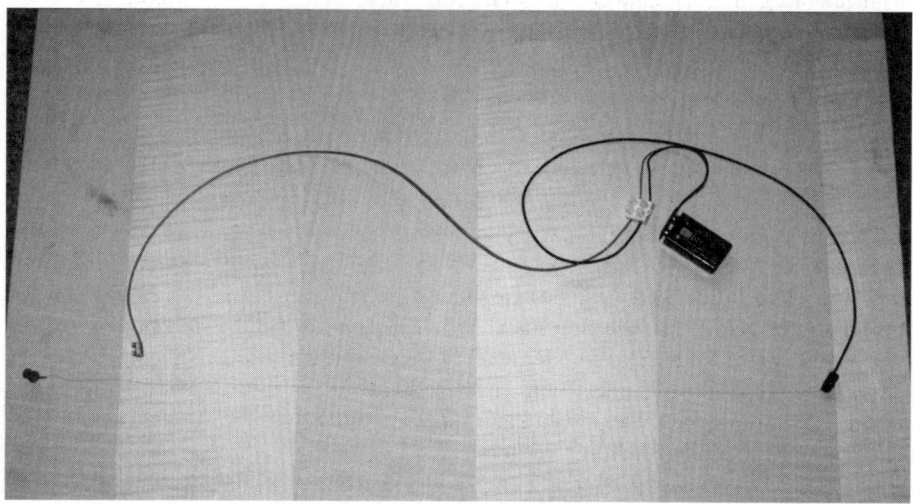

Abb. 3.3: Versuchsaufbau zur Messung des Aktivierungsstroms

Materialien:

- 1 Nitinoldraht, 0,1 mm dick, 600 mm lang (z. B. Flexinol 100 LT)
- 1 Brett, länger als der Nitinoldraht, oder ein alter Basteltisch
- 2 isolierte Leitungsdrähte
- eine 9-Volt-Batterie samt Batterieclip
- 4 Lüsterklemmen
- 1 Pinwandnadel
- 1 Zentimetermaß
- 1 Bleistift

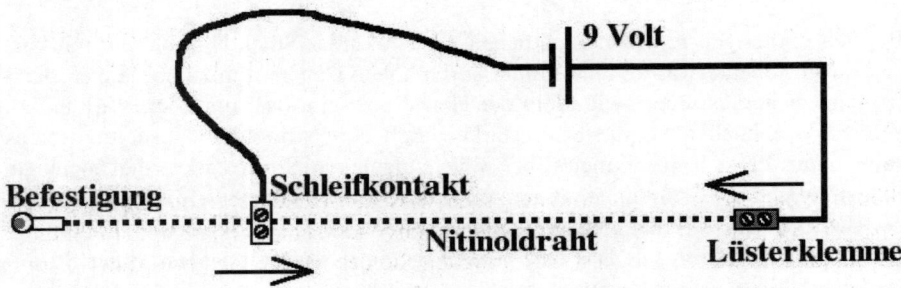

Abb. 3.4: Schema des Experiments zur Aktivierungsstromstärke ohne Belastung des Nitinoldrahts.

Aus dem einen Ende des Nitinoldrahts fertigen wir eine Schlaufe oder wir befestigen dort einen Quetschkabelschuh mit Ring (siehe Kapitel „Verarbeitung des Nitinoldrahts"). Damit befestigen wir den Draht mithilfe der Pinwandnadel an einem Ende des Brettes. Am freien Ende des Drahts machen wir einen Knoten, den wir in einer Lüsterklemme festschrauben. In die andere Seite der Lüsterklemme schrauben wir das blanke Ende eines Leitungsdrahts. Sein anderes blankes Ende verbinden wir mittels Lüsterklemme und Batterieclip mit einem Pol der 9-Volt-Batterie. An den anderen Batteriepol klemmen wir einen anderen Leitungsdraht. An dessen freies, blankes Ende schrauben wir eine Lüsterklemme, deren Isolierung wir entfernt haben. Die Isolierung können Sie vorsichtig mit dem Seitenschneider „abknabbern". Im Folgenden denken Sie bitte daran, vorsichtshalber nicht mit dem heißen Nitinoldraht in Berührung zu kommen. Falls Sie hierbei Bedenken haben, können Sie die Schrauben der blanken Lüsterklemme durch längere ersetzen. Dadurch erhalten Sie einen längeren Griff für die Klemme.

Nun nehmen Sie das freie Ende des Nitinoldrahts mit der Lüsterklemme locker zwischen zwei Finger und strecken den Draht ohne Krafteinsatz. Die Position der Klemmschraube zwischen Ihren Fingern, die den Nitinoldraht hält, markieren Sie bitte mit einem Bleistiftstrich auf dem Brett. Ein 600 mm langes Stück Nitinoldraht sollte sich deutlich um etwa 3 cm zusammenziehen, wenn es genügend erhitzt wird. Wir drücken also die blanke Lüsterklemme knapp vor der Pinwandnadel auf den Nitinoldraht – und nichts passiert. Warum? Wenn die Verkabelung fehlerlos ist und die Batterie frisch, schafft es anscheinend der elektrische Strom nicht, den Nitinoldraht genügend zu erhitzen. Sehen wir daher einmal nach, was uns das Datenblatt des Nitinoldrahts verrät: 0,1 mm dicker Nitinoldraht besitzt einen elektrischen Widerstand von 150 Ohm pro Meter Drahtlänge. 0,6 m des Drahts stellen sich demnach mit 0,6 x 150 Ohm = 90 Ohm dem Stromfluss entgegen. Die Stromstärke können wir einfach nach dem Ohmschen Gesetz berechnen: Stromstärke = Spannung/Widerstand. Bei einer Spannung von 9 Volt ergibt das eine Stromstärke von 9 Volt/90 Ohm = 0,1 Ampere. Und diese 0,1 Ampere sind offenbar zu wenig.

Tipp: Wenn Sie irgendwann nicht genau wissen, welchen Nitinoldraht (Durchmesser) Sie vor sich haben, können Sie seinen Widerstand messen und durch die Drahtlänge in Metern teilen. Damit erhalten Sie den Widerstand pro Meter. Dieser Wert lässt sich mit den Werten in den Datenblättern vergleichen.

Um die Stromstärke zu erhöhen, können wir die Spannung erhöhen oder den Widerstand verringern. Wir verringern den Widerstand. Dazu führen wir einfach die blanke Lüsterklemme langsam am Nitinoldraht entlang in Richtung der Lüsterklemme zwischen unseren Fingern. Dadurch verkleinern wir das Teilstück des Nitinoldrahts, durch das der Strom fließt. Je kürzer dieses Stück ist, desto kleiner ist sein Widerstand. Wir sollten die Lüsterklemme aus folgendem Grund langsam führen: Bei einer bestimmten Position der Klemme ist der Widerstand des stromführenden Nitinoldrahtstücks klein genug, und die Stromstärke reicht gerade zum Erhitzen des Drahts aus. Der Draht erreicht in diesem Fall nur langsam seine Arbeitstemperatur und zieht sich im Zeitlupentempo zusammen. Wenn wir die Lüsterklemme zu schnell führen, übergehen wir diesen kritischen Kontaktpunkt.

Sobald sich der Nitinoldraht verkürzt, lassen wir die Lüsterklemme an seinem Ende sanft und ohne Gegenzug durch unsere Finger gleiten. Sobald sich der Nitinoldraht deutlich verkürzt hat, messen wir die Länge des stromführenden und somit arbeitenden Teilstücks. Das ist die Strecke zwischen der blanken Lüsterklemme und dem Bleistiftstrich. Meine Messung ergibt 0,45 m. Da 1 m des 0,1-mm-Nitinoldrahts

einen Widerstand von etwa 150 Ohm besitzt, beträgt der Widerstand des Teilstücks 0,45 x 150 Ohm = 67,5 Ohm. Die Stromstärke beträgt demnach 9 Volt/67,5
Ohm = 0,13 Ampere. Damit haben wir die Aktivierungsstromstärke grob
bestimmt. Sie reicht unter normalen Bedingungen gerade aus, den Nitinoldraht
genügend zu erhitzen.

Wie wir schon wissen, hängt der genaue Wert unter anderem von der Umgebungstemperatur ab. Außerdem müssen wir definieren, was wir unter Aktivierung verstehen: In diesem Experiment war die Aktivierung so groß, dass sich der Draht um
etwa 2 cm verkürzt hat. Allerdings musste er dazu keine große Kraft aufwenden, da
wir ihn nur schwach festgehalten haben. Unter Belastung ist die Aktivierungsstromstärke entsprechend höher.

3.3 Aktivierungsstromstärke unter Belastung

Wenn wir die Aktivierungsstromstärke unter Belastung ermitteln wollen, kann uns
eine Tafel Schokolade nützlich sein – denn sie wiegt meistens 100 Gramm. Ihr
Gewicht kann der 0,1-mm-Nitinoldraht leicht bewältigen, denn seine Maximalkraft
reicht für 150 Gramm. Wir knoten daher die Tafel oder ein anderes 100-Gramm-
Gewicht mit einem dünnen Bindfaden an die Lüsterklemme am Ende des Nitinoldrahts. Dann lassen wir die Tafel am Faden über die Kante unseres Experimentierti-
sches hängen, so dass sie den Nitinoldraht strammzieht. Falls die Reibung an der

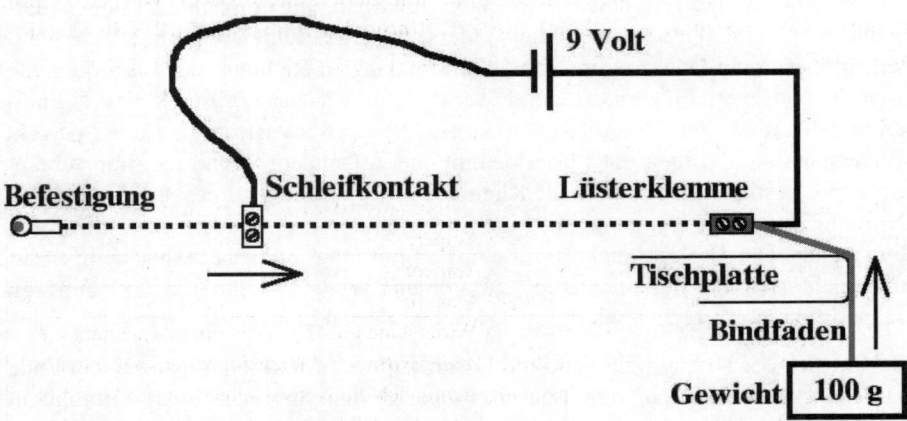

Abb. 3.5: Schema des Experiments zur Aktivierungsstromstärke mit Belastung des
Nitinoldrahts

Kante zu groß sein sollte, legen wir ein Stück Papier zwischen Kante und Bindfaden.

Nun gehen wir genauso vor wie bei der Messung der Aktivierungsstromstärke ohne Belastung. Wir verschieben die blanke Lüsterklemme so weit, bis sich der Draht deutlich verkürzt hat. Meine Messung des stromführenden Teilstücks des Nitinoldrahts ergibt 0,33 m. Da 1 m des 0,1-mm-Nitinoldrahts einen Widerstand von etwa 150 Ohm besitzt, beträgt der Widerstand des Teilstücks 0,33 x 150 Ohm = 49,5 Ohm. Die Stromstärke beträgt demnach 9 Volt/49,5 Ohm = 0,18 Ampere. Das ist die Aktivierungsstromstärke unter Belastung.

Was passiert, wenn wir von Anfang an ein kürzeres Stück Nitinoldraht verwenden? Dann benötigen wir wegen des kleineren Widerstands eine entsprechend kleinere Spannung, um den Draht zu aktivieren. Wenn wir statt des obigen Teilstücks mit 0,33 m Länge einen 0,1 m langen Draht verwenden, benötigen wir statt 9 Volt nur knapp 1/3 davon, also 3 Volt.

Sie können das Experiment mit kleineren elektrischen Spannungen wiederholen und beobachten, wie lang der stromführende Nitinoldraht jeweils sein darf, um noch genügend erhitzt zu werden.

Wie sind die Verhältnisse, wenn wir einen 0,15 mm dicken Nitinoldraht für das Experiment verwenden? Seine Aktivierungsstromstärke ist größer, etwa 0,4 Ampere, da ein dickerer Draht stärker geheizt werden muss. Sein elektrischer Widerstand ist dagegen kleiner als der des dünneren Drahts. Für Nitinoldraht mit 0,15 mm Durchmesser sind dies 50 Ohm pro Meter Drahtlänge. Damit bei 9 Volt ein Strom mit 0,4 Ampere fließt, muss der Widerstand = 9 Volt/0,4 Ampere = 22,5 Ohm betragen (Widerstand = Spannung/Stromstärke). Dieser Widerstand wird von einem 0,45 m langen Stück Nitinoldraht mit dem Durchmesser von 0,15 mm erzeugt. Die maximale Drahtlänge dieses Nitinoldrahts, die Sie mit 9 Volt aktivieren können, beträgt demnach etwa 0,45 m.

Tabelle 3.1: **Faustregeln:** *Ungefähre Werte für 10 cm langen Nitinoldraht je nach Drahtdurchmesser*

Durchmesser	Widerstand	Aktivierungsstromstärke	Aktivierungsspannung
0,05 mm	51 Ohm	0,05 Ampere	3 Volt
0,10 mm	15 Ohm	0,18 Ampere	3 Volt
0,15 mm	5 Ohm	0,40 Ampere	2 Volt

Für längeren Nitinoldraht erhöhen sich der Widerstand und die Aktivierungsspannung entsprechend. Zum Beispiel hat ein 20 cm langer Nitinoldraht den doppelten Widerstand und benötigt daher die doppelte Spannung, damit sich die Aktivierungsstromstärke ergibt. Ein 5 cm langer Nitinoldraht hat dagegen den halben Widerstand und benötigt nur die halbe Spannung.

Übrigens: Mit dem obigen Versuchsaufbau haben Sie eine primitive Kombination aus einem Positionssensor (blanke Lüsterklemme + Nitinoldraht) und einem Stellglied oder Aktor (Nitinoldraht) gebaut. Wie ließe sich diese Konstruktion verfeinern, ändern oder anwenden? Statt der Schokolade lässt sich beispielsweise eine Hebevorrichtung anbringen, die durch den Sensor gesteuert wird. Oder Sie ersetzen den Zug der Schokolade durch den Zug einer Stahlfeder. Sie können diese Konstruktion verfeinern und den Sensor auf den Aktor zurückwirken lassen. Damit können Sie prinzipiell eine Maschine konstruieren, die eine ständige Hin- und Herbewegung erzeugt. Welche weiteren Möglichkeiten fallen Ihnen ein?

4 Grundprinzipien der Nitinolaktoren

Aktoren sind Konstruktionselemente, die Steuer- oder Regelungssignale in Bewegung umsetzen, egal, ob als Thermostatventil eines Heizkörpers oder Greifer eines Roboters. Da Nitinoldraht auf elektrische und Wärmesignale mit Bewegung reagiert, bietet er sich zum Bau spezieller Aktoren an. Für diese gibt es drei grundlegende Konstruktionsprinzipien: den Einwegaktor, den vorgespannten Aktor und den Zweiwegaktor.

4.1 Der Einwegaktor

Der Einwegaktor nutzt die Verkürzung des Nitinoldrahts für eine einmalige Aktion aus und besitzt keinen Mechanismus zum Dehnen des Nitinoldrahts. Der Einwegaktor lässt sich somit als ein Auslöser verwenden, der auf elektrische oder auf äußere Wärmezufuhr reagiert. Wenn er elektrisch geheizt wird, können wir ihn als eine Art Schutzschalter verwenden, der auf zu hohe Stromstärke anspricht. Außerdem können wir ihn als Hitzesensor oder Überhitzungsschutz einsetzen. Auch zum

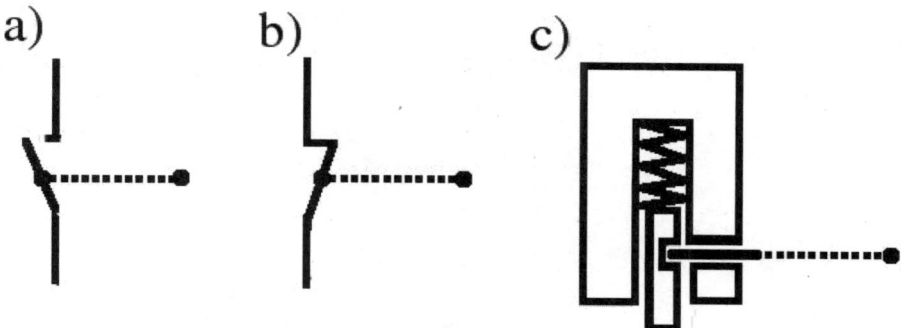

Abb. 4.1: Beispiele für Einwegaktoren: a) Der Nitinoldraht (gestrichelt) schließt einen Schalter. b) Er öffnet einen Schalter. c) Er entriegelt einen Mechanismus.

Ver- oder Entriegeln kann der Einwegaktor benutzt werden. Solche einmalig arbeitenden Mechanismen werden beispielsweise im Bereich der Modell- und Experi-
mentalraketen sowie in der Raumfahrt benötigt.

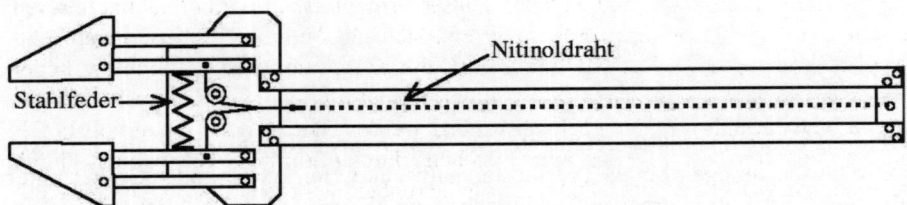

Abb. 4.2: Mit Nitinoldraht und einer Stahlfeder lässt sich ein Robotergreifer als vorgespannter Aktor konstruieren. Der Greifer ist mit seinen „Doppelfingern" so konstruiert, dass die „Fingerspitzen" immer parallel zueinanderstehen. Im Roboterarm
kann ein langer Nitinoldraht untergebracht werden. Durch die Angriffspunkte des
Nitinoldrahts an den Fingern sind zudem die Arbeitswege der Fingerspitzen etwa
viermal länger als die Verkürzung des Drahts.

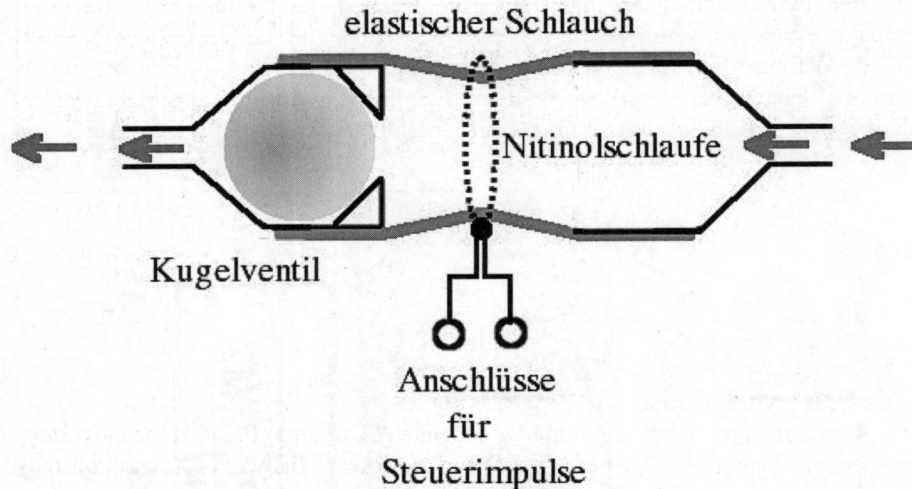

Abb. 4.3: Bei dieser Pumpe für kleine Fördermengen wirkt der Nitinoldraht zusammen mit dem elastischen Schlauch als vorgespannter Aktor.

4.2 Der vorgespannte Aktor

Um den Nitinoldraht nach dem Zusammenziehen wieder zu strecken, benötigen wir eine Rückstellkraft. Sie wird beim vorgespannten Aktor durch einen entsprechenden Mechanismus geliefert. Der Draht wird beispielsweise durch eine Stahlfeder oder ein Gewicht vorgespannt und gedehnt. Dieses Prinzip haben wir bereits bei unseren ersten Experimenten kennen gelernt. Wenn sich der Nitinoldraht zusammenzieht, arbeitet er gegen diese Rückstellkraft an. Kühlt er sich ab, wird er durch die Feder oder das Gewicht wieder gestreckt. Soll der Nitinoldraht längere Zeit zusammengezogen bleiben, muss er entsprechend geheizt werden. Die Zeit für einen vollständigen Arbeitskreislauf aus Zusammenziehen durch Erhitzen, Entspannen durch Kühlen und Dehnen durch äußeren Zug hängt dabei hauptsächlich von der zur Kühlung nötigen Zeit ab.

Tabelle 4.1: Rückstellelemente für vorgespannte Aktoren

Gewicht	Die Zugkraft einer Masse ist über den Arbeitsweg des Nitinoldrahts konstant.
Gummiband	Der Nitinoldraht kann an einem Ende des Gummibands ziehen oder auch mittig, wenn das Band beidseitig befestigt ist.
Federstahldraht	Der Nitinoldraht zieht senkrecht am Stahldraht.
Blattfeder aus Metall oder Kunststoff	Der Nitinoldraht zieht senkrecht an der Blattfeder.
Schraubenfeder	Sie besteht meistens aus zylindrisch aufgewickeltem Federstahldraht und kann als Zug- oder Druckfeder ausgelegt sein.
Schraubendrehfeder	Das ist eine Schraubenfeder, die in Richtung ihrer Windung belastet wird.
Drehstabfeder	Die Federwirkung ergibt sich durch Verdrehung (Torsion) des Stabs oder des Drahts.

Die richtige Vorspannung

Wie stark sollen wir den Nitinoldraht vorspannen? Um diese Frage zu beantworten, müssen wir mehrere Punkte beachten. Wenn die Rückstellkraft von einem konstanten Gewicht erzeugt wird, ist sie unabhängig von der Verkürzung des Nitinoldrahts. Denn das Gewicht zieht ständig mit der gleichen Kraft am Draht, egal, um welche Strecke sich der Draht verkürzt. Hierbei genügt als Gewicht etwa ein Drittel der Zugkraft, die der Nitionoldraht selbst erzeugen kann.

Anders sieht es aus, wenn ein elastischer Mechanismus, wie beispielsweise eine Stahlfeder, den Nitinoldraht strecken soll. Die Rückstellkraft ist hierbei umso größer, je weiter die Feder gedehnt ist. Solange der Nitinoldraht nur wenig verkürzt ist und kaum an der Feder zieht, ist auch deren Rückstellkraft gering. Wenn wir mit kleinen Drahtverkürzungen arbeiten, müssen wir die Feder daher entsprechend stark vorspannen.

Wie stark die Feder vorgespannt werden muss, lässt sich einfach ermitteln. Wir müssen sie lediglich mit der Kraft belasten, die sie selbst mindestens erzeugen soll. Wenn wir aus dem Datenblatt oder dem Experiment wissen, dass ein Nitinoldraht beispielsweise durch eine 50-Gramm-Masse gestreckt wird, können wir folgendermaßen vorgehen: Wir hängen einfach eine Masse von 50 Gramm an die Feder und messen ihre Verlängerung. Dann müssen wie die Feder genauso stark dehnen, solange sie am noch gestreckten Nitinoldraht zieht. Auch wenn sich der Draht nun nur gering verkürzt, erzeugt die Feder bereits die benötigte Rückstellkraft, um ihn wieder zu strecken.

4.3 Der Zweiwegaktor

Beim Zweiwegaktor arbeiten zwei Nitinoldrähte gegeneinander. Die Drähte strecken sich also abwechselnd und gegenseitig. Das Heizen des einen Drahts ergibt die Vorwärtsbewegung und das Heizen des anderen die Rückwärtsbewegung. Gegenüber dem vorgespannten Aktor kann demnach jeweils einer der Nitinoldrähte beliebig lange und ohne fortdauernde Heizung verkürzt sein, falls keine weiteren Kräfte auf ihn wirken. Zum gewünschten Zeitpunkt nach der Abkühlphase wird dieser Draht durch den zweiten gestreckt und umgekehrt. Die beiden Drähte müssen dabei natürlich nicht direkt miteinander verbunden sein, sondern können auch über Hebel aufeinander einwirken.

Hinweis: Wenn Sie einen Zweiwegaktor montieren, denken Sie bitte daran, dass einer der Nitinoldrähte gestreckt sein muss und der andere zusammengezogen.

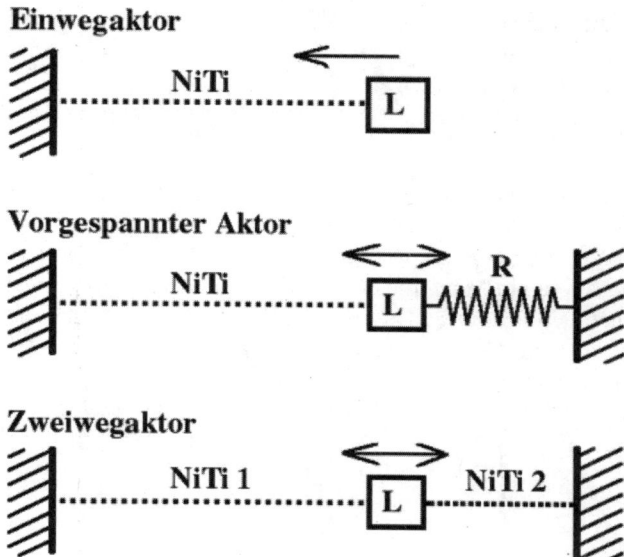

Abb. 4.4: Grundprinzipien der Nitinolaktoren: Der Einwegaktor kann die Last L (Gewicht, Hebel, Riegel, Schalter) ein Mal bewegen. Der vorgespannte Aktor wird durch ein Rückstellelement R (Stahlfeder, Gewicht) in seine Ausgangsposition gebracht. Beim Zweiwegaktor arbeiten zwei Nitinoldrähte gegeneinander.

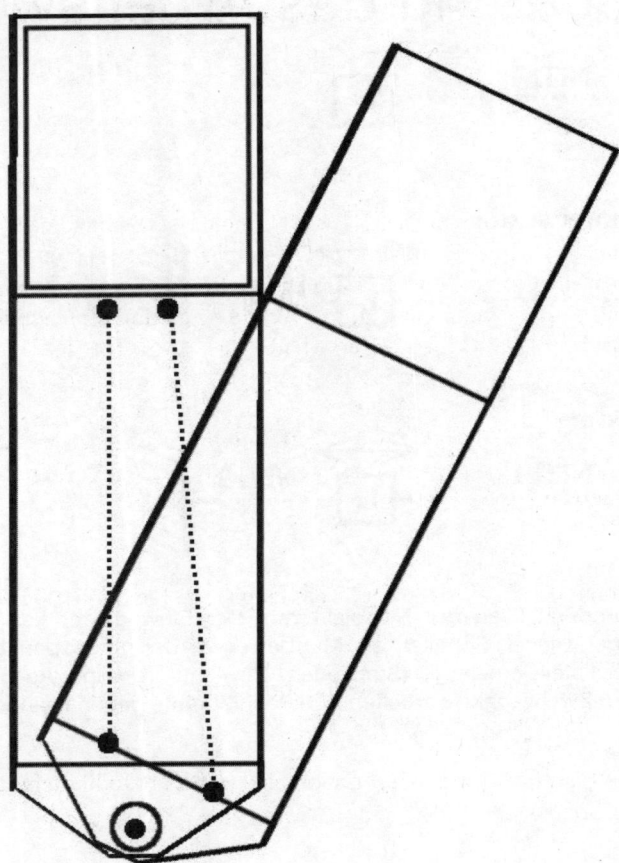

Abb. 4.5: Der Nitinoldraht (gestrichelt) arbeitet in dieser Vorrichtung als Zweiwegaktor und dient als Öffner und Schließer. Ein ähnlicher Mechanismus hat bei der Mars-Pathfinder-Mission der NASA am Mars-Rover die Schutzabdeckung einer Solarzelle bewegt.

5 Steuerung des Arbeitswegs

Bei gegebener mechanischer Belastung des Nitinoldrahts steht seine Verkürzung in fester Beziehung zu seiner Temperatur. Die Umgebungstemperatur der ruhenden Luft hat hierbei einen gewissen Einfluss. Dieser Einfluss kann allerdings vernachlässigt werden, solange sie nicht extreme Werte annimmt. Ein Nitinolaktor kann daher nicht nur zwei Positionen einnehmen, also die Positionen, die dem vollständig verkürzten und gestreckten Draht entsprechen. Er kann auch punktgenau alle Zwischenstellungen anfahren. Wie das geht, untersuchen wir im folgenden Experiment. Hierbei bauen wir uns einen kleinen Teststand für Nitinoldrähte, der sich auch unabhängig von diesem Versuch zum Testen und Messen der Drähte und ihrer Anwendungen nutzen lässt.

Materialien:

- 1 Nitinoldraht, 0,1 mm dick, etwa 15 cm lang (z. B. Flexinol 100 LT)
- 1 Brett, etwa 30 cm x 30 cm
- 6 Lüsterklemmen
- 1 regelbare Spannungsquelle, z. B. Labornetzgerät oder Batterie mit Potenziometer, siehe Versuchsbeschreibung
- 1 Voltmeter oder Multimeter
- 2 isolierte Leitungsdrähte oder Laborkabel mit Krokodilklemmen zum Anschluss der Spannungsquelle

5.1 Der Nitinol-Teststand

Wie in der Abbildung 5.2 dargestellt, montieren wir bei diesem Experiment zwei Lüsterklemmen auf einem Brett. Die Lüsterklemme L1 hält einen elastischen Draht. Geeignet ist beispielsweise ein etwa 0,5 mm bis 1 mm dicker Federstahldraht. In diesem Versuchsaufbau ragt er nach rechts 18,5 cm aus der Lüsterklemme heraus. Der elastische Draht dient als Rückholfeder für den 0,1 mm dicken Nitinoldraht N. Gleichzeitig dient er als Zeiger, der an der Winkelskala W die Verkürzung des Nitinoldrahts anzeigt. Dieser wird mithilfe einer Schlaufe oder eines Quetschkabelschuhs K in den Knick des Drahts eingehängt. Der Knick war bei meinem Versuchsaufbau zwischen 10 und 15 mm von der Lüsterklemme L1 entfernt. Ein größerer Abstand verkleinert die Rückstellkraft des Stahldrahts, ein kleinerer Abstand vergrößert sie. Der Stahldraht und der Kabelschuh sollten das Brett nicht berühren, da sich sonst wegen der Haftreibung der Draht ruckartig bewegt und die Messung verfälscht wird.

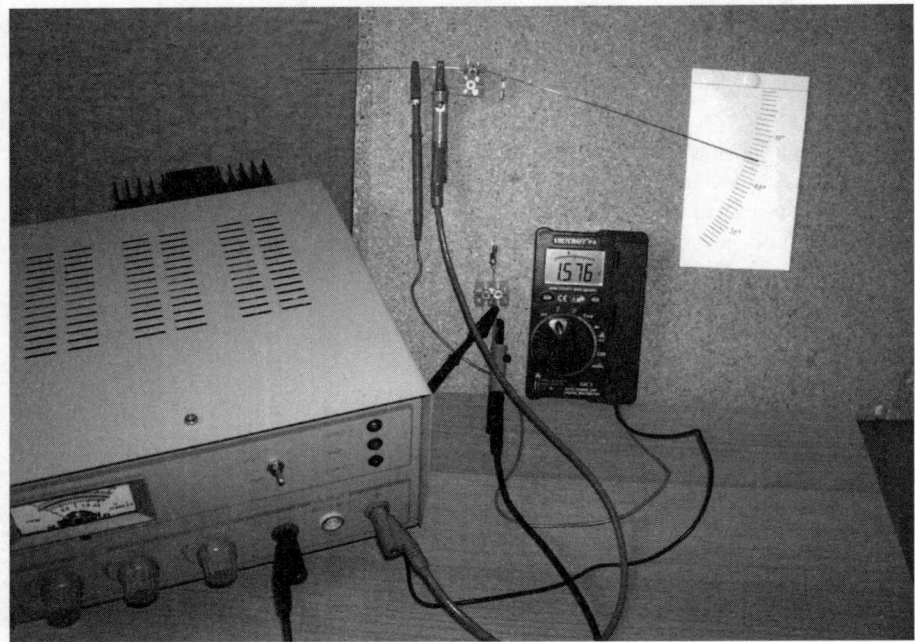

Abb. 5.1: Mit diesem einfachen Teststand lassen sich die Eigenschaften des Nitinoldrahts und seine elektronischen Steuermöglichkeiten untersuchen.

Am unteren Ende des Nitinoldrahts ist ebenfalls eine Schlaufe oder ein Quetschkabelschuh K befestigt. Die Schlaufe oder der Kabelschuh wird durch den Haken H und die Lüsterklemme L2 gehalten, so dass der Nitinoldraht mechanisch vorgespannt werden kann. Mit den angegebenen Werten biegt eine sinnvolle Vorspannung den Stahldraht um etwa 13 Winkelgrade. Wie groß die Vorspannung sein sollte, hängt ab vom Durchmesser des Stahldrahts und davon, wie weit rechts der Nitinoldraht eingehängt wird. Damit sich die Lüsterklemme L1 durch die Zugbelastung nicht verdreht, sollte sie mit zwei Schrauben am Brett befestigt werden. Die Länge des Nitinoldrahts zwischen den Kabelschuhen beträgt etwa 10 cm.

Um ein Maß für die Verkürzung des Nitinoldrahts zu haben, bringen wir auf dem Brett am Ende des Stahldrahts eine Winkelskala an. Sie muss nicht unbedingt exakt die Biegung des Stahldrahts in Winkelgraden wiedergeben. Einer bestimmten Biegung soll jedoch eindeutig ein bestimmter Skalenwert entsprechen.

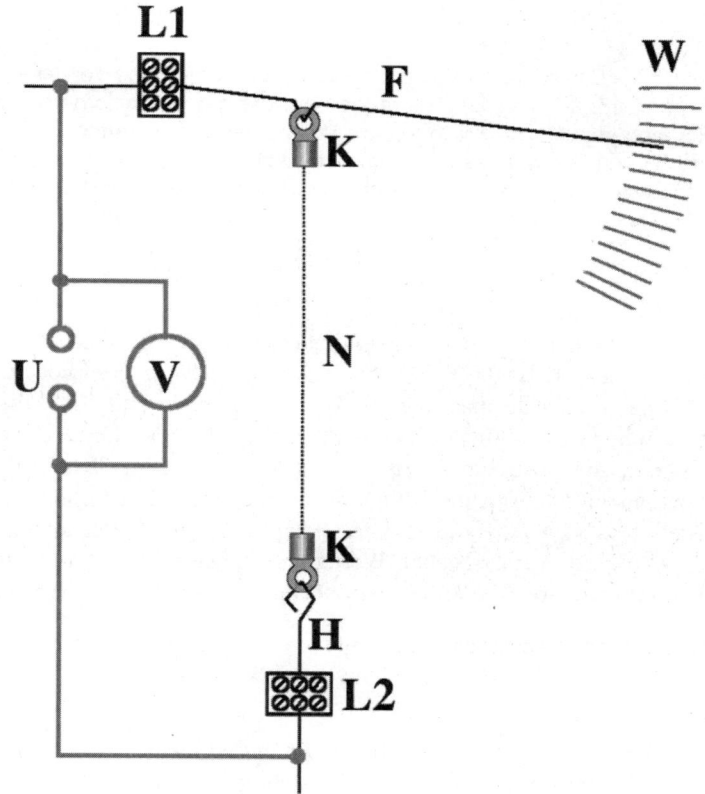

Abb. 5.2: Schema des Versuchsaufbaus: Lüsterklemmen L1 und L2, Federstahldraht F, Winkelskala W, Kabelschuhe K, regelbare Spannungsquelle U, Voltmeter V, Nitinoldraht N, Haken H.

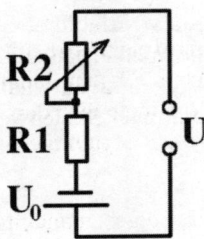

Abb. 5.3: Statt eines regelbaren Labornetzgeräts kann diese Schaltung verwendet werden. Mit ihr kann eine Spannung U erzeugt werden, die per Potenziometer R2 einstellbar ist. Die Spannung U_0 wird beispielsweise von einer 9-Volt-Batterie geliefert. Der Widerstand R1 verhindert, dass die Spannung U einen gewissen Wert auch dann nicht übersteigt, wenn der Widerstand des Potenziometers auf 0 Ohm gedreht ist.

Nachdem wir den mechanischen Aufbau des Experiments beendet haben, schließen wir ein Voltmeter an das linke Ende des Federstahldrahts F und das untere Ende des Hakens H an. Am einfachsten geht dies mithilfe von Laborkabeln und Krokodilklemmen; alternativ können wir Leitungsdrähte an den entsprechenden Lüsterklemmen festschrauben. An diese beiden Punkte legen wir außerdem eine regelbare elektrische Spannung; maximal 3 Volt reichen völlig aus. Die Spannung kann durch ein Labornetzgerät geliefert werden oder durch eine Batterie, der ein Potenziometer vorgeschaltet wird (Abb. 5.3). Mit folgenden Werten beispielsweise lässt sich ein Spannungsbereich von etwa 0,5 bis 1,9 Volt überstreichen:

$U_0 = 9$ V
$R1 = 56\ \Omega$
$R2 = 220\ \Omega$

Durch den Widerstand R1 wird erreicht, dass die Spannung U nicht aus Versehen zu hoch eingestellt wird. Wenn Sie entsprechend vorsichtig vorgehen, können Sie auf R1 verzichten. Der überstrichene Spannungsbereich liegt dann zwischen etwa 0,6 und 9 Volt.

5.2 Zusammenhang zwischen Spannung, Temperatur und Drahtverkürzung

Nun beginnen wir unser Experiment mit der Spannung U = 0 Volt und erhöhen sie langsam. Je nachdem, wie Sie den Versuchsaufbau im Detail gestaltet haben, wird der Draht ab etwa 0,6 Volt anfangen sich zu biegen. Machen Sie sich mit dem Verhalten des Nitinoldrahts vertraut und spielen Sie mit ihm. Erhöhen Sie die Spannung jedoch höchstens so weit, dass sich der 10 cm lange Nitinoldraht auf nicht weniger als 9,5 cm verkürzt. Dadurch vermeiden Sie, den Draht zu überlasten. Alle Zwischenstellungen des Zeigers können Sie punktgenau durch Einstellung der elektrischen Spannung bestimmen.

Es kann durchaus sein, dass der Zeiger manchmal überraschend hin- und herschwankt. Das kann an kaum spürbaren Luftströmungen liegen, verursacht durch ein geöffnetes Fenster, Ihre Bewegungen oder durch den Hauch Ihres Atems. Wenn Sie den Nitinoldraht anpusten, werden Sie diesen Effekt deutlich sehen können. Jede Luftbewegung kühlt den Draht, so dass er sich etwas entspannt und den Zeiger ausschlagen lässt. Dieser Einfluss ist umso größer, je wärmer der Nitinoldraht ist. Denn je höher der Temperaturunterschied zur Umgebung ist, desto schneller kann die Wärme abfließen. Entsprechend stärker können die Schwankungen der Drahtlänge ausfallen. Wenn die Zwischenstellungen eines Nitinolaktors angesteuert werden sollen, muss dies berücksichtigt werden. Luftströmungen um den Nitinoldraht herum müssen bei solchen Anwendungen daher konstant gehalten oder besser vermieden werden.

Mithilfe unseres Versuchsaufbaus können wir eine weitere Eigentümlichkeit des Nitinoldrahts nachweisen. Dazu steuern wir mit 0 Volt beginnend eine bestimmte Winkelposition des Zeigers an. Wenn die mechanische Vorspannung den Zeiger bei entspanntem Nitinoldraht auf 13 Winkelgraden hält, stellen wir beispielsweise 15 Winkelgrade ein. Für diese Position notieren wir die eingestellte elektrische Spannung. Bei meinem Versuch habe ich 1,66 Volt gemessen. Danach steuern wir den Zeiger um ein paar Grad weiter, achten allerdings darauf, den Nitinoldraht nicht zu überlasten. Von dieser Zeigerstellung ausgehend senken wir nun die elektrische Spannung wieder und fahren behutsam möglichst exakt die Winkelposition an, für die wir eben die Spannung notiert haben.

Vielleicht erwarten Sie, bei dieser Zeigerstellung etwa die gleiche Spannung ablesen zu können. Üblicherweise kommt es jedoch anders. Notieren Sie sich bitte diese Spannung und verringern sie danach weiter auf 0 Volt. Bei meinem Versuch habe ich 1,29 Volt gemessen, also 0,37 Volt weniger als vorher. Versuchen Sie bitte, die beiden Messungen möglichst langsam und geduldig durchzuführen. Bei der Messung mit ansteigender Spannung darf diese im Bereich der anzusteuernden Winkelposition wirklich nur steigen und bei der Messung mit fallender Spannung nur fallen.

Mit welcher Spannung wir eine bestimmte Position unseres Nitinolaktors einstellen können, hängt somit davon ab, welche Position der Aktor momentan einnimmt. Unterschiedliche Spannungen bedeuten unterschiedliche Stromstärken und daher unterschiedliche Drahttemperaturen. Daher können wir das Verhalten auch so ausdrücken: Für dieselbe gewünschte Position müssen wir das Nitinol auf etwas unterschiedliche Temperaturen bringen, je nachdem, ob wir den vorgespannten Nitinoldraht verkürzen oder dehnen müssen. Diese Eigenschaft wird schematisiert in der Abbildung 5.4 dargestellt. Solch eine Beziehung zwischen Drahtlänge und angelegter Spannung oder Temperatur erhalten wir, wenn wir vollständige Messreihen aufnehmen. Die genauen Messwerte hängen davon ab, wie stark die Zugbelastung ist. Beim Erwärmen verkürzt sich der Draht entsprechend der oberen Linie, bei Abkühlung verlängert er sich jedoch entsprechend der unteren.

Wenn wir die Positionen eines Nitinolaktors von Hand regeln, ist das oben festgestellte Verhalten kein wesentliches Problem. Bei einer automatischen Regelung muss es allerdings berücksichtigt werden. Je nach Anwendung kann sie aber auch erwünscht sein. Denn durch sie kann unter Umständen ständiges Gegensteuern bei kleinsten Abweichungen vom Sollwert vermieden werden.

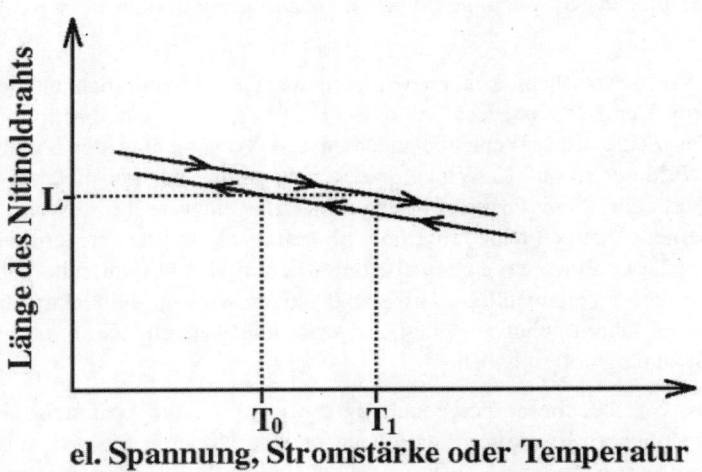

Abb. 5.4: Der Nitinoldraht ist umso kürzer, je höher die angelegte elektrische Spannung oder die sich daraus ergebende Temperatur ist. Der vorgespannte Nitinoldraht nimmt eine bestimmte Länge L sowohl bei der Temperatur T_0 als auch bei der Temperatur T_1 ein. Welche Temperatur einer bestimmten Länge entspricht, hängt davon ab, ob die Temperatur erhöht (Pfeile nach rechts unten) oder verringert wird (Pfeile nach links oben).

Das hier vorgestellte Prinzip des Nitinolaktors wird beispielsweise bei der Konstruktion mancher Slow- oder Parkflyer angewendet. Das sind besonders leichte und langsam fliegende Modellflugzeuge, die elektrisch angetrieben und ferngesteuert werden. Um Gewicht zu sparen, bietet es sich dort an, Nitinolaktoren zu verwenden. Statt durch verhältnismäßig klobige und schwere Servomotoren werden die Ruder dieser Modelle durch federleichte und platzsparende Nitinoldrähte gesteuert.

6 Konstruktionspraxis der Nitinolaktoren

Die Strecke, um die sich der Nitinoldraht verkürzt, also sein Arbeitsweg oder Stellweg, ist für viele Anwendungen zu kurz. Um ihn zu verlängern, können wir verschiedene Methoden anwenden. Häufig wird bei diesen Methoden aus dem kurzen Arbeitsweg des Drahts eine längere Drehstrecke erzeugt. Diese kann bei Bedarf leicht wieder in eine geradlinige Bewegung umgewandelt werden. Im Folgenden werden einige Konstruktionsprinzipien für Nitinoldrahtaktoren vorgestellt. Alle diese Aktoren lassen sich als Einweg-, Zweiweg- und vorgespannte Aktoren verwenden.

6.1 Der längere Draht

Ein langer Nitinoldraht verkürzt sich bei Erwärmung um eine größere Strecke als ein kurzer, auch wenn die prozentuale Verkürzung dieselbe ist. Während sich ein 10 cm langer Nitinoldraht um beispielsweise 4 mm zusammenzieht, verkürzt sich ein 30 cm langer Draht unter den gleichen Bedingungen um 12 mm. Wenn für den längeren Draht in der gegebenen Konstruktion der Platz nicht ausreicht, kann er möglicherweise über Rundungen oder Rollen geführt und so den räumlichen Verhältnissen angepasst werden.

6.2 Abschnittweises Heizen

Ein längerer Nitinoldraht bietet eine Möglichkeit, die für manche Anwendungen interessant ist: Er kann abschnittweise geheizt werden. Dadurch lässt sich eine schrittweise Verkürzung des Drahts erzielen und der Aktor kann mehrere Positionen anfahren. Wenn der Draht eine Last bewegt, die den kalten Draht strecken kann, müssen wir Folgendes beachten: Für beispielsweise den zweiten Schritt genügt es nicht, nur den zweiten Drahtabschnitt zu heizen. Wir müssen den ersten Abschnitt mitheizen, damit er sich unter der Zuglast nicht wieder streckt.

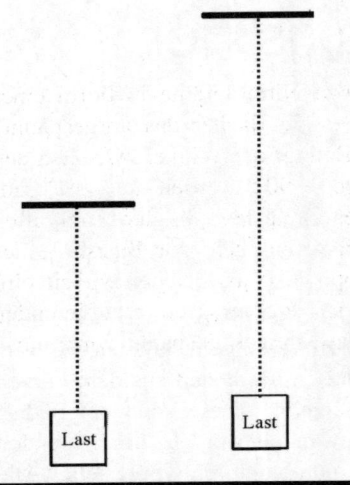

Abb. 6.1: Bei gleicher Stromstärke (Aufheizung) verkürzen sich zwei unterschiedlich lange Nitinoldrähte prozentual um denselben Wert, beispielsweise um 4 %. In Zentimetern ausgedrückt, kann ein längerer Nitinoldraht eine Last jedoch x Mal höher heben, wenn er x Mal länger ist.

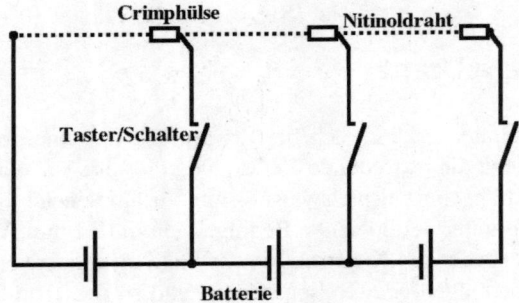

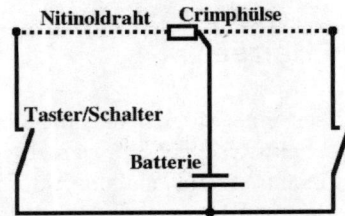

Abb. 6.2: Ein längerer Nitinoldraht lässt sich abschnittsweise heizen. Die Grafik zeigt zwei Beispiele für Drähte mit drei und zwei heizbaren Abschnitten. Durch die Taster oder Schalter wird bestimmt, welcher Abschnitt oder welche Abschnitte geheizt werden.

6.3 Die Dreiecksmethode

Wir können einen einzelnen Nitinoldraht oder zwei Nitinoldrähte in Form eines Dreiecks spannen, um den Arbeitsweg zu erhöhen. Je flacher das aufgespannte Dreieck ist, umso größer ist der Streckengewinn. Beträgt der Winkel zwischen den gleichschenkligen Seiten des Dreiecks beispielsweise 90°, werden aus 4 % Längenänderung des Drahts 10 % Höhenänderung des Dreiecks. Aus den Zugkräften des Nitinoldrahts resultiert (vektoriell) die Zugkraft senkrecht zur Basislinie des Dreiecks. Wären die Drähte parallel, würden sie doppelt so stark ziehen wie ein einzelner Draht. Da sie jedoch einen Winkel bilden, ist der Betrag der resultierenden Kraft immer kleiner als dieser Wert. Je flacher das Dreieck gespannt wird, umso kleiner ist auch die resultierende Zugkraft.

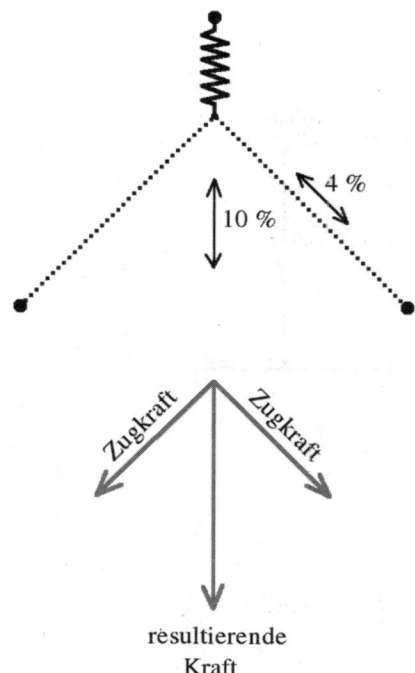

Abb. 6.3: Der Nitinoldraht lässt sich nach der Dreiecksmethode zusammen mit einer Stahlfeder als vorgespannter Aktor einsetzen. Der Winkel zwischen den gleichseitigen Schenkeln des Dreiecks beträgt hier 90°. Wenn sich der Draht um 4 % verkürzt, ändert sich die Höhe des Dreiecks daher um 10 %. Aus den Zugkräften entlang des Nitinoldrahts resultiert die vertikal nach unten gerichtete Kraft.

6.4 Die Hebelmethode

Wir nutzen das Hebelprinzip und lassen den Nitinoldraht am kürzeren Hebel ziehen. Die gewünschte Arbeit wird am langen Hebelarm verrichtet. Dadurch wird der kurze Arbeitsweg des Drahts in den langen Arbeitsweg des langen Hebelarms umgewandelt. Den Streckengewinn gibt es allerdings nicht umsonst. Wir bezahlen ihn mit der kleineren Kraft, die der lange Hebelarm ausübt. Wenn er beispielsweise dreimal so lang ist wie der kurze Hebelarm, übt er nur ein Drittel der Kraft aus, die am kurzen Hebelarm wirkt. Die Hebelmethode lässt sich natürlich auch andersherum anwenden. Falls ein kleiner Arbeitsweg ausreicht, können wir dadurch eine große Kraft erzeugen.

Wenn wir den Hebel als vorgespannten Aktor einsetzen, müssen wir den Angriffspunkt der Rückholfeder beachten. Um den Nitinoldraht wieder zu strecken, müssen wir etwa ein Drittel seiner maximalen Zugkraft aufwenden. Wenn die wenig gestreckte Feder etwa diese Kraft erzeugt, muss sie in der gleichen Entfernung vom

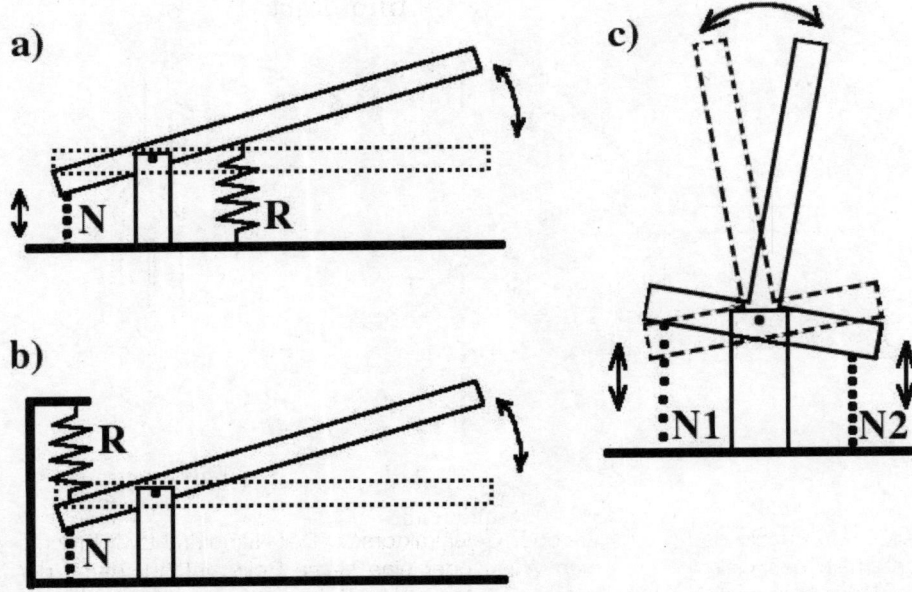

Abb. 6.4: Die Hebelmethode lässt sich in vielen Varianten anwenden. Mit ihr lässt sich einerseits der Arbeitsweg des Nitinoldrahts verlängern und andererseits ein großer Drehwinkel erzeugen. a) und b) Vorgespannte Aktoren mit Nitinoldraht N und Rückholfeder R. c) Zweiwegaktor mit Nitinoldrähten N1 und N2.

Drehpunkt angreifen wie der Nitinoldraht. Erzeugt sie beispielsweise die doppelte benötigte Kraft, muss sie dagegen im halben Abstand des Nitinoldrahts angreifen.

6.5 Die Scharnier- oder Gelenkmethode

Hierbei greift der Nitinoldraht platzsparend nahe der Drehachse an einem der Scharnierbändern an und wird um eine der Scharnierbuchsen herumgeführt. Beispielsweise könnte die Buchse einen Umfang von 20 mm haben. Wenn sich der Draht um 5 mm

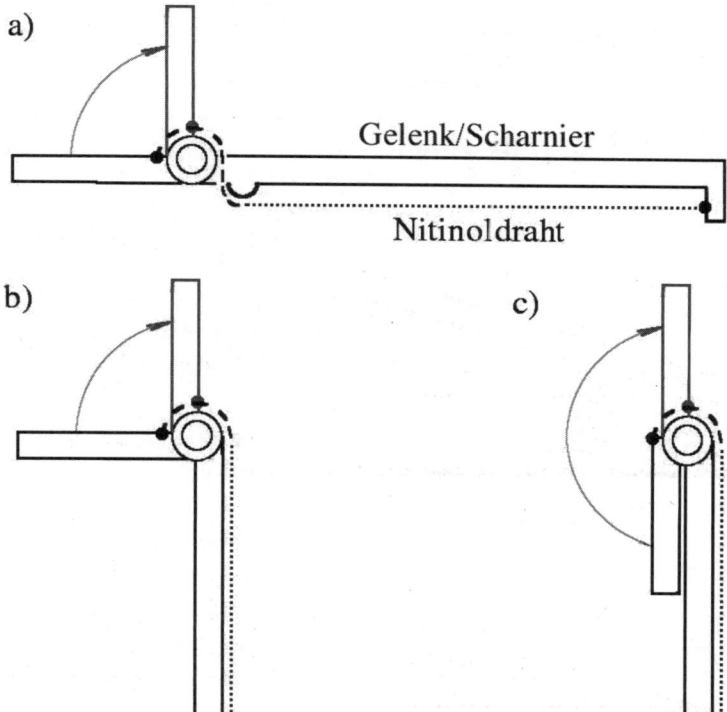

Abb. 6.5: Prinzip des Scharnier- oder Gelenkaktors. a) Der Nitinoldraht wird rechts unterhalb des Gelenks um einen Wulst oder eine kleine Rolle geführt, damit der minimale Biegeradius überschritten wird. Neben der Reibung des Drahts am Gelenk tritt hierbei zusätzlich Reibung auf. b) Bei dieser Version des Gelenkaktors tritt keine zusätzliche Reibung auf. c) Da hier eine Drehung des Gelenks um 180° erzeugt wird, muss der Nitinoldraht bei gleichem Durchmesser der Gelenkbuchse doppelt so lang sein wie bei a) und b).

verkürzt, entspricht dies einem Viertel des Buchsenumfangs. Das Scharnier schließt sich in diesem Fall also um 90°.

Dem Umfang von 20 mm entspricht der Radius von 3,2 mm (Umfang = 2 x Pi x Radius). Um das Formgedächtnis des Drahts nicht zu schädigen, muss daher ein Draht verwendet werden, der diesen kleinen Krümmungsradius verträgt. Wenn dessen Kraft zu klein ist, müssen mehrere Drähte parallel verwendet werden. Um das Scharnier zurückzuklappen, können wir die Drähte an der Rückseite des Scharnierbands ziehen lassen. Kraftmindernd wirkt sich die Reibung zwischen Nitinoldraht und Scharnierbuchse aus.

Auch bei der Scharniermethode wirkt das Hebelprinzip. Der Nitinoldraht zieht nahe der Drehachse, also am kurzen Hebelarm. Entsprechend wird die Drehwirkung der Kraft am langen Hebelarm, dem Scharnierband, verkleinert.

6.6 Rolle und Antriebswelle

Wenn wir den Nitinoldraht mit einem Ende an einer Kunststoffrolle befestigen und ganz oder teilweise um sie herumführen, bieten sich einige Konstruktionsmöglichkeiten. Je nach den Details können wir einen großen Drehwinkel oder eine große Kraftwirkung erzeugen. Einen 100 mm langen Draht zum Beispiel können wir halb um eine Rolle mit 200 mm Umfang führen. Wenn er sich um 5 mm verkürzt, dreht sich die Rolle um 5/200 ihres Umfangs, also um 2,5 % einer 360°-Drehung oder um 9°.

Für eine Drehung um 45° würden wir mit der oben beschriebenen Rolle 2,5 Windungen des Nitinoldrahts benötigen. Wir können den Draht aber nicht einfach 2,5 Mal um die Rolle wickeln, denn er ist nicht isoliert und würde sich selbst kurzschließen. Wäre er isoliert, würden außerdem die Abkühlphase durch die engen Wicklungen und die Isolierung verlängert.

Wir können statt der Rolle ein elektrisch nicht leitendes Rohr verwenden und daraus eine nitinolgetriebene Antriebswelle herstellen. Als Drehachse verwenden wir ein kleineres Rohr oder einen Stab. Der Außendurchmesser dieser Achse sollte etwas kleiner sein als der Innendurchmesser des Rohrs, auf das wir den Nitinoldraht wickeln wollen. Das Rohr mit dem Nitinoldraht muss sich möglichst reibungsarm um die Achse drehen lassen. Der Nitinoldraht wird am Montagerahmen befestigt. Dann wird das Rohr auf die Achse geschoben und mit dem Nitinoldraht stramm und wendelförmig umwickelt. Die einzelnen Windungen dürfen sich nicht berühren. Schließlich wird das andere Drahtende mit dem Rohr verbunden.

Grundsätzlich lassen sich mit Rolle und Welle kompakte Aktoren mit großem Drehwinkel herstellen. Ein großer Nachteil ist die Reibungskraft zwischen dem Nitinol-

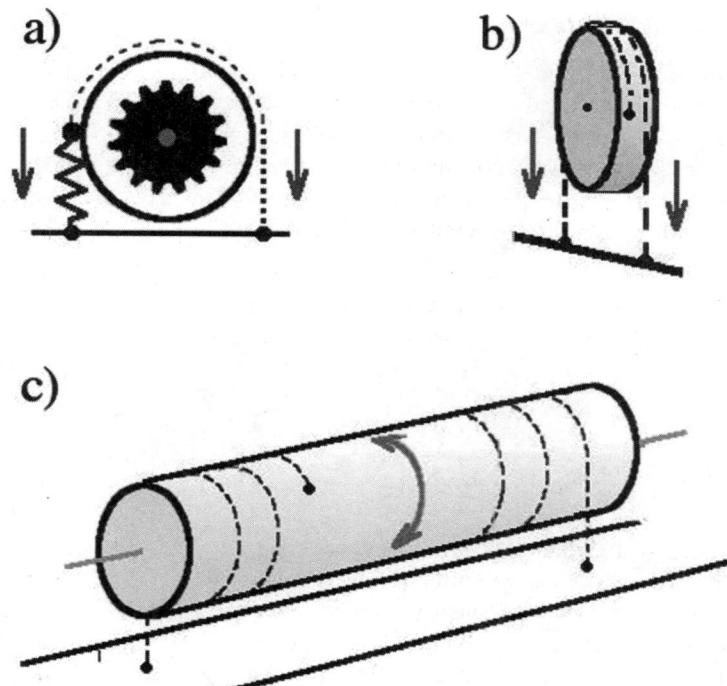

Abb. 6.6: Beispiele für Aktoren mit Rolle oder Welle: a) Der vorgespannter Aktor mit Stahlfeder liefert die Bewegung per Zahnrad. b) Zwei Nitinoldrähte ziehen an derselben Seilrolle in entgegengesetzte Richtungen und bilden einen Zweiwegaktor. c) Zwei Nitinoldrähte sind um eine Welle gewunden und drehen sie als Zweiwegaktor in entgegengesetzte Richtungen.

draht und der Oberfläche des Aktors. Sie behindert das Zusammenziehen des Drahts deutlich und beschränkt die maximale Anzahl der Drahtwindungen. Dieser Nachteil lässt sich durch möglichst reibungsarmes und hartes Material mildern. Auf jeden Fall sollte der Durchmesser der Rolle oder der Antriebswelle möglichst groß sein. Für den gleichen maximalen Drehwinkel muss der Draht dann in einer kürzeren Strecke um die Rolle geführt werden, oder es werden weniger Drahtwindungen für die Welle benötigt. Die Reibung wirkt sich außerdem weniger aus, wenn statt einer durchgehenden Welle mehrere eng nebeneinander liegende und leicht drehbare Scheiben verwendet werden. Der Draht sollte hierbei nicht zu eng gewickelt und die Scheiben sollten nicht zu schmal sein. Denn sonst kann der Nitinoldraht zwischen die Scheiben rutschen.

Abb. 6.7: Dieser Prototyp des vorgespannten Wellenaktors wurde aus Lego-Bautei-
len gefertigt. Der 0,1-mm-Nitinoldraht ist vier Mal um die 2,5-cm-Felge eines Lego-
Fahrzeugs gewunden und mit Schrauben jeweils an der Felge und am Montagerahmen befestigt. Ein Gummiband liefert die Rückstellkraft. Die Reibung des Drahts auf
dieser Felge ist relativ groß. Daher sind 0,24 Ampere nötig, um den Aktor zu drehen.
Um die mechanische Spannung im Draht zu verringern, müsste man auf ein oder
zwei Drahtwindungen verzichten. Alternativ kann ein dickerer Draht verwendet werden.

Tipp: Per Widerstandsmessung des Nitinoldrahts können Sie an unübersichtli-
cher Stelle Ihrer Konstruktion prüfen, ob sich gegebenenfalls Windungen des
Nitinoldrahts berühren. In diesem Fall ist der gemessene Widerstand kleiner, als
er aufgrund der Drahtlänge sein müsste.

6.7 Drehmoment und Übersetzungsverhältnis

Wenn Sie mit dem Nitinoldraht sinnvoll Drehbewegungen erzeugen wollen, ist es nützlich, ein paar Gesetzmäßigkeiten zu verstehen. Das Drehmoment ist die Drehkraft, die beispielsweise ein Motor in einem bestimmten Abstand von seiner Antriebswelle aufbringen kann. In unserem Fall ist der Motor ein nitinolgetriebener Mechanismus. Er könnte eine Rolle drehen, mit der er eine Masse von 100 Gramm gerade noch heben kann. Wenn wir den Durchmesser der Rolle verdoppeln, schafft er gerade noch 50 Gramm, wenn wir den Durchmesser halbieren, 200 Gramm. Diesen Effekt kennen wir von unserem eigenen Körper. Denn mit angewinkeltem Arm können wir ein größeres Gewicht heben als mit ausgestrecktem. Entsprechendes gilt, wenn wir statt der Rolle ein Zahnrad verwenden. Die Kraft, die dessen Zähne aufwenden können, hängt vom Radius des Zahnrads ab. Das Drehmoment des Nitinolmechanismus' arbeitet gegen verschiedene Kräfte an. Denn es muss nicht nur die gewünschte Arbeit verrichten, sondern zusätzlich die Reibungskräfte des Mechanismus überwinden.

Wenn unser Nitinolmechanismus ein Zahnrad dreht, können wir bequem aus einem kleinen Drehwinkel einen großen machen. Mithilfe dieses Zahnrads können wir ein kleineres Zahnrad antreiben. Der Mechanismus kann das größere Zahnrad um einen bestimmten Winkel drehen. Wenn dieses Zahnrad 50 Zähne besitzt und das kleine Zahnrad 10, dreht sich das kleine Zahnrad um einen 5 Mal größeren Winkel. Das Übersetzungsverhältnis der Zahnräder ist daher 1 zu 5. Dasselbe Übersetzungsverhältnis erhalten wir, wenn eine Rolle über einen Riemen eine 5 Mal kleinere Rolle antreibt.

6.8 Die Paralleldrahtmethode

Bei dieser Methode werden zwei Nitinoldrähte zum Beispiel längs eines biegbaren Stabs befestigt. (Statt des Stabs kann auch ein biegbares Rohr verwendet werden.) Die Drähte werden parallel befestigt und liegen sich am Stab gegenüber. Verkürzt sich einer der Drähte bei Erwärmung, krümmt sich der Stab zur Seite des verkürzten Drahts. Der zweite Draht wird hierbei gestreckt. Denn seine Seite des Stabes wird durch die Krümmung gedehnt. Wird nun dieser Draht verkürzt, krümmt sich der Stab zu dessen Seite.

Eine andere Version der Paralleldrahtmethode verwendet nur einen Draht parallel an einem biegbaren Stab. (Statt des Stabs kann auch ein biegbares Rohr verwendet werden.) Wenn der Stab elastisch ist, kann er zurückfedern und den Draht nach dessen Verkürzung wieder dehnen. Eine andere Möglichkeit ist, einen gekrümmten Stab zu verwenden. Wenn der Draht an der längeren Seite des Stabs befestigt ist, biegt er ihn bei Verkürzung gerade.

Die Krümmung der Stabkonstruktion hängt vom Abstand der Drähte oder vom Durchmesser des Stabs ab. Je kleiner der Abstand oder Durchmesser, desto größer die Krümmung. Die genaue Krümmungsform des Stabs hängt zudem ab von der Festigkeit des Stabs und der Drahtbefestigung. Ist der Stab zu weich oder der Draht zu locker befestigt, kann dies zu unerwünschten Krümmungsformen führen. Wird der Draht mehr oder weniger wendelförmig um den Stab geführt, lässt sich der Stab nicht nur krümmen, sondern prinzipiell auch verdrehen.

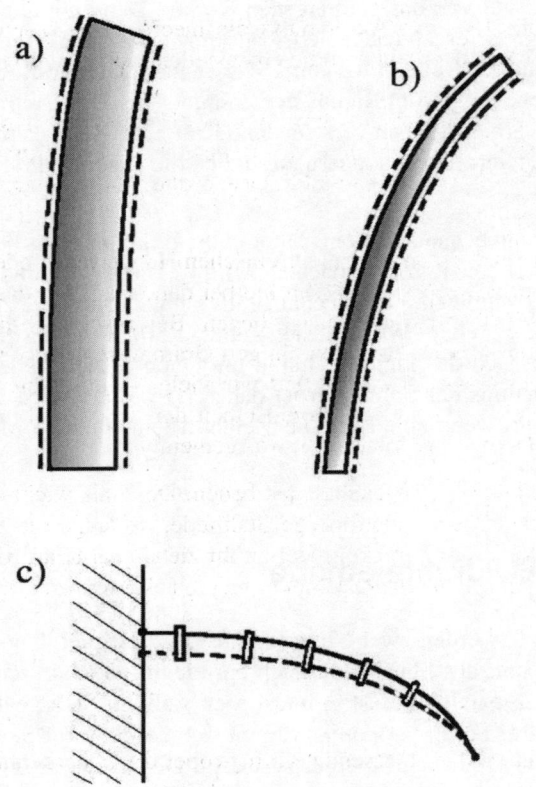

Abb. 6.8: Die Grafiken a) und b) verdeutlichen das Grundprinzip der Paralleldraht-methode (in diesem Fall als Zweiwegaktor). Der dickere Stab biegt sich im Gegensatz zum dünneren nur wenig, da bereits eine geringe Krümmung den Längenunterschied der Nitinoldrähte ausgleicht. Die Grafik c) zeigt eine spezielle Form des vorgespannten Aktors nach der Paralleldrahtmethode. Der Nitinoldraht wird hierbei durch elektrisch nicht leitende Abstandshalter parallel zu einem Federstahldraht geführt.

6.9 Kraftmessung

Wir müssen nicht unbedingt die Zugkraft eines Nitinoldrahts messen, denn die kennen wir aufgrund seines Datenblatts. Wenn wir doch einmal nicht wissen, zu welchem Datenblatt ein bestimmter Nitinoldraht gehört, können wir dies anhand seines Durchmessers oder elektrischen Widerstands feststellen. Dennoch sind bei Nitinolaktoren meistens bestimmte Justierungen notwendig, die wir durch Ausprobieren herausfinden können. Solche Einstellungen lassen sich häufig durch Kraftmessungen vereinfachen, wie beispielsweise bei folgenden Gelegenheiten:

- Bei einem vorgespannten Aktor muss die mechanische Vorspannung passend eingestellt werden. Hierbei kann die einzustellende Rückstellkraft direkt gemessen werden.
- In einem Mechanismus kann dort, wo der Nitinoldraht Kraft ausüben soll, gemessen werden, wie groß diese Kraft genau sein muss. Anhand dieses Messwerts können der passende Nitinoldraht oder die nötige Anzahl an Nitinoldrähten bestimmt werden.

Die Zugkraft können wir mit einer elektronischen Hängewaage oder einer mechanischen Federwaage messen. Wir müssen hierbei darauf achten, dass die Kräfte, die wir messen, im Messbereich der Waage liegen. Bei unseren Nitinolaktoren haben wir es meistens mit Kräften zwischen einigen Gramm und einigen hundert Gramm zu tun. Das hängt davon ab, welche und wie viele Nitinoldrähte wir mit welchen Hebelarmen einsetzen. Dass Gramm die Einheit der Masse und nicht der Kraft ist, soll uns hier nicht stören, da jeder weiß, was gemeint ist.

Eine Federwaage können wir leicht selbst bauen. Denn als wichtigstes Bauelement besitzt sie meistens eine wendelförmige Stahlfeder. Solange die Feder nicht überdehnt wird, entspricht ihre Streckung der an ihr ziehenden Kraft. Um die Streckung möglichst komfortabel ablesen zu können, bietet sich folgendes Konstruktionsprinzip an:

- Die Feder wird in ein Röhrchen passenden Durchmessers gehängt.
- An die Feder wird eine etwas dünnere Hülse mit einer Skala und einem Haken gehängt.
- Am Haken zieht die zu messende Kraft, wobei die Federdehnung an der Skala abgelesen werden kann.
- Wenn wir keine passende Stahlfeder finden, biegen wir sie uns aus dünnem Federstahldraht zurecht, indem wir den Draht wendelförmig um einen Stab wickeln. Den sinnvollen Durchmesser der Feder ermitteln wir durch Ausprobieren. Er hängt von der Dicke des Drahts ab.

Wir können die Skala eichen, indem wir an den Haken bekannte Gewichte hängen und an der Skala die zugehörige Federdehnung markieren. Solange wir die Messwerte unserer Federwaage nicht mit Messwerten anderer Waagen oder Kraftmesser kombinieren oder vergleichen, können wir die Skala sogar beliebig wählen, beispielsweise durch Skalenstriche im Abstand eines Millimeters. Wir wissen dann, dass der Messwert mit zehn Strichen einer doppelt so großen Kraft entspricht wie der Messwert mit fünf Strichen.

Prinzipiell können wir mit der Federwaage auch die Kraft eines Nitinoldrahts messen. Wir müssen dabei beachten, dass sich ein 10 cm langer Draht lediglich um 4 oder 5 mm verkürzt und die Ablesegenauigkeit unserer Waage dafür nicht ausreichen dürfte.

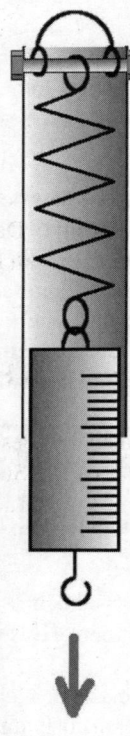

Abb. 6.9: Die Zugkraft lässt sich einfach mit einer selbst gebauten Federwaage messen.

7 Schrittmotoren aus Nitinol-draht

Der Schrittmotor begegnet uns dort, wo die Position eines Maschinenteils möglichst genau verändert werden soll, beispielsweise im Scanner und beim Industrieroboter. Als spezieller Elektromotor dreht er seine Antriebswelle nicht stetig, sondern schrittweise. In abgespeckter Form lässt sich auch aus Nitinoldraht ein Schrittmotor konstruieren.

Es gibt mindestens zwei Methoden, einen nitinolgetriebenen Schrittmotor zu konstruieren.

Das erste Prinzip ist verblüffend einfach: Statt den Nitinoldraht als Ganzes zu erhitzen, wird er Abschnitt für Abschnitt erhitzt. Das zweite Prinzip geht von einem Nitinolmotor aus, der pro Stromimpuls um einen kleinen Winkel weiterdreht.

7.1 Methode 1: abschnittsweises Heizen

Prinzipiell können die Nitinoldrähte aller hier beschriebenen Aktoren abschnittsweise geheizt werden. Dazu müssen lediglich die Stromzuführungen in den gewünschten Abständen entlang des Nitinoldrahts angebracht werden. Dabei sind zwar keine fortlaufenden 360°-Drehungen möglich, aber für spezielle Anwendungen, bei denen wenige Positionen linear oder drehend angefahren werden müssen, ist dieses Prinzip nützlich. Als Beispiel konstruieren wir das Prinzipmodell eines scheibenförmigen Schrittmotors.

Materialien:

- 1 etwa 45 cm langer Nitinoldraht mit 0,1 mm Durchmesser (z. B. Flexinol 100 LT)
- 1 ausgediente CD oder stabiler Plastikdeckel mit ähnlichem Durchmesser
- 1 Kunststoffleiste, etwa 5 x 3 cm
- 1 Holzbrett, etwa 20 x 30 cm; alternativ: stabiler Plastikdeckel oder stabile Plastikbox mit ähnlichen Maßen
- 1 Holzleiste, etwa 8 x 3 x 1 cm, oder zwei 1 cm lange Hülsen als Abstandhalter
- 4 Lüsterklemmen

- 1 isolierter Leitungsdraht
- Diverse Schrauben und passende Muttern, M2 bis M4
- 5 kleine Seilrollen aus Metall, Nadellager o. ä. mit zu den Schrauben passenden Wellenöffnungen
- Gegebenenfalls Holzschrauben
- Hülse(n) als Abstandhalter (Stück(e) einer Kugelschreiberhülse o. ä.)
- 1 Gewicht zum Testen, etwa 100 Gramm

Als Montagerahmen für den Nitinoldraht dient eine alte CD oder ein stabiler Plastikdeckel. Da die CD einen Umfang von über 30 cm hat, können wir auf ihr einen langen Nitinoldraht unterbringen. Entsprechend groß ist der Drehwinkel. Das Loch in der Mitte der CD hat einen Durchmesser von etwa 1,5 cm. Damit wir eine gängige Schraube als Drehachse verwenden können, überdecken wir das Loch durch eine kleine Plastikleiste. Die Plastikleiste wird rechts und links des Lochs mit Schrauben und Muttern an der CD festgeschraubt. In der Mitte des Lochs bohren wir ein kleineres Loch der gewünschten Stärke. Dort können wir die CD später mit einer Holzschraube als Drehachse an einem Brett montieren. Alternativ kann die CD an einen Kunststoffdeckel oder eine Kunststoffbox montiert werden. Als Abstandhalter kann ein 1 cm langes Stück einer Kugelschreiberhülle dienen.

Vorher bohren wir entlang des Scheibenumfangs Schraubenlöcher. Sie sollen die Schrauben aufnehmen, die den Nitinoldraht halten und führen. Je länger der verwendete Nitinoldraht ist, desto größer wird allerdings das Reibungsproblem. Denn die Schrauben behindern den Draht durch ihre Reibung beim Zusammenziehen. Wir sollten daher an den Schrauben elektrisch leitende Seilrollen montieren, die den Nitinoldraht reibungsarm führen. Die einzelnen Abschnitte des Nitinoldrahts können dann ihren Heizstrom direkt aus den Rollen beziehen.

Wie in der Grafik abgebildet, ist der Nitinoldraht an der Lüsterklemme L1 und der Schraube S befestigt und läuft dazwischen über die Rollen R1 bis R5. Der Heizstrom fließt in den drei Teilstücken des Nitinoldrahts zwischen folgenden Anschlüssen:

1. Teilstück: Lüsterklemme L1 – Rolle R2
2. Teilstück: Rolle R2 – Rolle R4
3. Teilstück: Rolle R4 – Schraube S

Von den Schrauben der Rollen R1 und R4 führen wir biegsame Kabel oder isolierte Kupferlitzen zu den drei weiteren Lüsterklemmen. Die Kabel sind in der Grafik wegen der Übersichtlichkeit nicht eingezeichnet. Die Heizspannung kann nun bei Bedarf den Lüsterklemmen zugeführt werden.

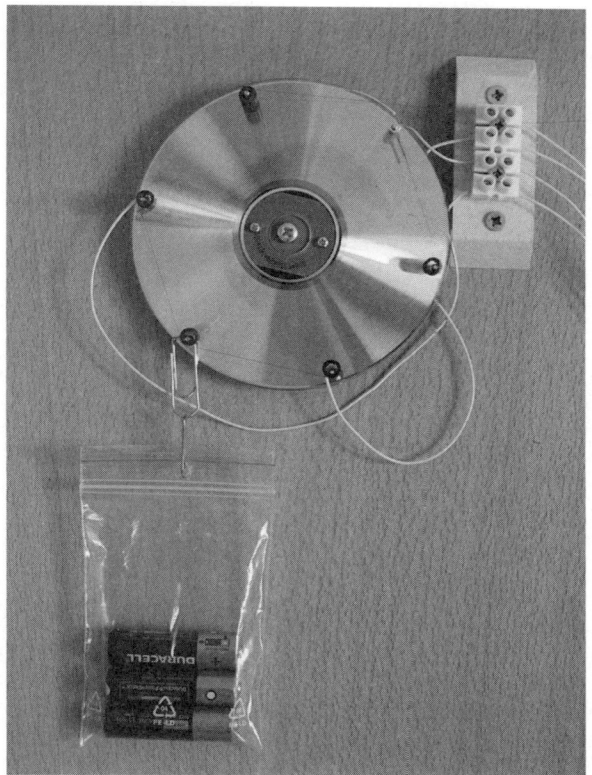

Abb. 7.1: Prinzipmodell des Schrittmotors

Mithilfe dieser Konstruktion lassen sich drei Teildrehungen kombinieren. Um schrittweise den Drehwinkel zu vergrößern, können wir das erste Teilstück, dann das erste und zweite und schließlich alle drei Teilstücke gleichzeitig verkürzen. Ein bereits verkürztes Teilstück muss beim nächsten Schritt mitgeheizt werden, da es sich sonst wieder entspannt. Daher sollten wir mit möglichst geringer Stromstärke heizen. Bei Bedarf können wir natürlich auch einzelne Schritte überspringen und von Anfang an zwei oder drei Teilstücke heizen. Welche Spannung benötigt wird, hängt vom Drahtdurchmesser und der Drahtlänge ab. Ein 10 cm langes Teilstück 0,1-mm-Nitinoldraht benötigt zum Beispiel etwa 3 Volt, um die Aktivierungsstromstärke zu erreichen. Zwei Teilstücke zusammen benötigen etwa 6 Volt und alle drei Teilstücke zusammen etwa 9 Volt.

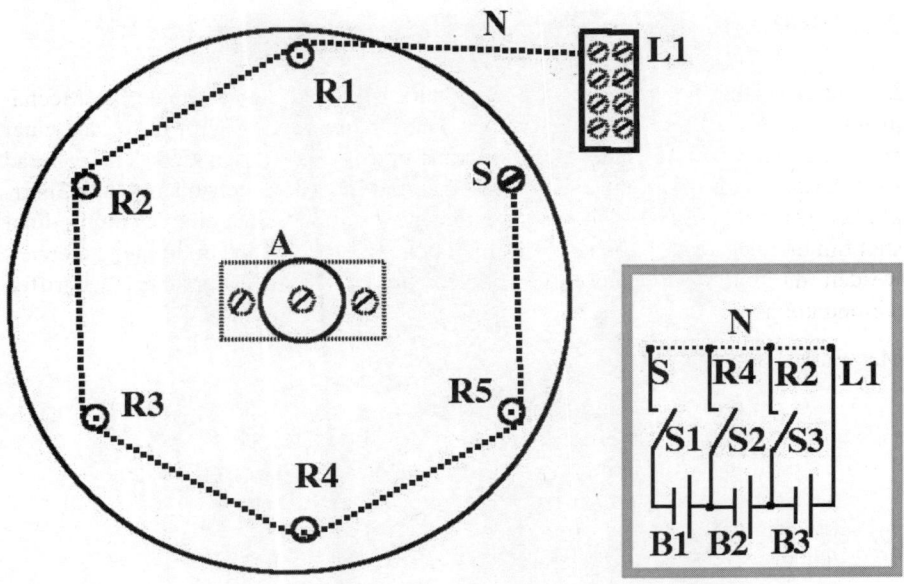

Abb. 7.2: Aufbau des Prinzipmodells: Die Scheibe dreht sich um die Achse A. Der Nitinoldraht N wird über Rollen R1 bis R5 geführt und an der Lüsterklemme L1 sowie der Schraube S befestigt. L1, R2, R4 und S dienen als Anschlüsse für den Heizstrom. Die Schalter S1, S2 und S3 bestimmen, welche Drahtabschnitte durch die Batterien B1, B2 und B3 geheizt werden.

Die Abstände der Führungsrollen des Prinzipmodells in Abbildung 7.2 betragen zueinander jeweils 60°. Wenn es die Anwendung erfordert, können Sie den Abstand variieren und so den einzelnen Teildrehungen unterschiedliche Drehwinkel ermöglichen. Das Modell dient lediglich dazu, ein kleines Gewicht in Form von angehängten Batterien schrittweise zu heben. Damit der Schrittmotor bei anderen Anwendungen wieder zurückdreht, können wir auf der Rückseite der CD die gleiche Anordnung aus Draht und Rollen so montieren, dass sie in die entgegengesetzte Richtung dreht.

Noch eine kleine Anregung: Die Drähte, Schrauben und die farbenfroh schimmernde CD verleihen dem Schrittmotor eine technisch-kühle Ästhetik. Daher können Sie daraus nicht nur einen Antrieb fabrizieren, sondern bei entsprechender Neigung auch ein Kunstobjekt oder einen Blickfang für die heimischen vier Wände. Mit etwas Erfahrung im Elektronikbasteln können Sie den Nitinoldraht beispielsweise auf Geräusche oder Licht reagieren lassen.

7.2 Methode 2: stromimpulsgesteuerter Nitinolmotor

Bei dieser Methode dreht ein Nitinoldrahtaktor bei jedem Stromimpuls den Mechanismus um einen kleinen Winkel weiter. Die Drehbewegung wird dabei aus einer Hin- und Herbewegung eines Schwenkarms erzeugt, an dessen Ende ein Zahnrad sitzt. Dieses Zahnrad treibt ein anderes Zahnrad an. Ein Mechanismus aus Sperrklinken sorgt dafür, dass sich das angetriebene Zahnrad nur in eine Richtung dreht statt hin und her. Damit können prinzipiell beliebig viele volle Umdrehungen erzielt werden, die durch ein weiteres Zahnrad für die jeweilige Anwendung abgegriffen werden können.

Materialien:

- Ausgediente CD-Hülle als Montagerahmen
- Stück einer Kunststoffleiste als Schwenkarm, etwa 7 x 3 cm
- Draht zweier Büroklammern oder Federstahldraht für die Sperrklinken
- 2 zueinander passende Zahnräder, Durchmesser etwa 3 cm
- Schrauben und passende Muttern, M2 oder M3
- 1 dünner, isolierter, biegsamer Leitungsdraht oder Kupferlitze

Die Sperrklinke des antreibenden Zahnrads verhindert, dass sich dieses nach rechts dreht. Die Sperrklinke des angetriebenen Zahnrads verhindert dagegen, dass sich dieses nach links dreht. Wenn das antreibende Zahnrad durch den Nitinoldraht nach links geschwenkt wird, dreht es daher das andere Zahnrad nach rechts. Wenn es durch die Stahlfeder zurückgeschwenkt wird, kann es dagegen frei drehen. Da das angetriebene Zahnrad außerdem durch seine Sperrklinke festgehalten wird, wird es nicht wieder zurückgedreht.

Da der Schwenkarm das Zahnrad um einen Zahn drehen soll, muss die Länge des Nitinoldrahts entsprechend gewählt sein. Wenn ein Zahn samt Lücke 2 mm breit ist, muss der Nitinoldraht im Prinzipmodell etwa 40 mm lang sein. Die Kraft des Nitinoldrahts und die Vorspannung der Stahlfeder müssen zudem aufeinander abgestimmt sein. Im Prinzipmodell wurde ein 0,1-mm-Nitinoldraht doppelt genommen, um eine größere Zugkraft zu erzeugen. Wenn die Feder um etwa 2 mm gedehnt ist, muss sie die Kraft entwickeln, um den abgekühlten Nitinoldraht zu strecken und den Schwenkarm zurückzuziehen. Hierfür müssen Sie die richtige Feder finden und ihr gegebenenfalls die nötige Vorspannung geben. Anstatt der Stahlfeder können Sie für die Rückholbewegung einen zweiten Nitinoldraht gleicher Länge verwenden.

Der stromimpulsgesteuerte Nitinolmotor lässt sich platzsparend in eine CD-Hülle einbauen. Sie sollte bei geschlossenem Deckel genügend Bohrlöcher für die Luftkühlung besitzen. In der Praxis ist die Konstruktion knifflig, da der Aufbau exakt sein muss und kein Spiel haben darf. Die Klinken müssen zuverlässig sperren, der Schwenkarm und die Zahnräder müssen leichtgängig sein.

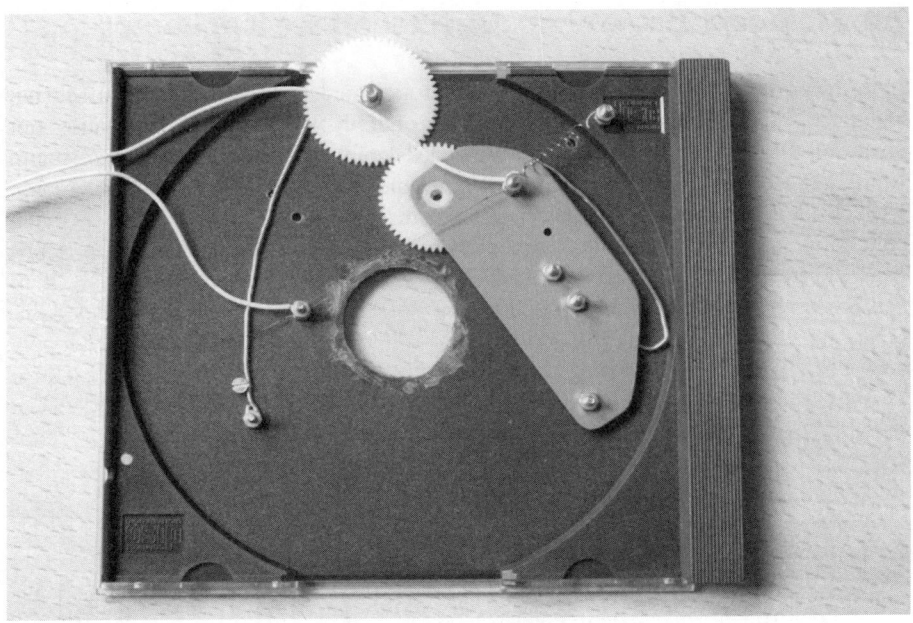

Abb. 7.3: Der stromimpulsgesteuerte Nitinolmotor lässt sich platzsparend in eine CD-Hülle einbauen.

Abb. 7.4: Die Unterseite des Schwenkarms besteht aus einem Zahnrad und einer Sperrklinke aus Draht.

7.3 Weitere Möglichkeiten zur Erzeugung von Bewegung

Eine dauernde Hin- und Herbewegung lässt sich mit Nitinoldraht am einfachsten erzeugen, indem ein vorgespannter Aktor oder ein Zweiwegaktor ständig mit Stromimpulsen gespeist wird. Dabei muss den Drähten jeweils genügend Zeit zum Abkühlen gelassen werden. Beim Zweiwegaktor müssen beide Drähte zudem abwechselnd angesteuert werden. Dieses Prinzip ist einleuchtend. Geht es auch ohne eine spezielle Elektronik, die den Nitinoldrähten die Stromimpulse im richtigen Takt heizt? Die Antwort ist ja. Ein Prinzip, das sich hier anwenden lässt, kennen Sie möglicherweise noch von den alten Türklingeln. Durch Drücken des Klingeltasters wird der Stromkreis geschlossen. Ein Elektromagnet zieht den Klöppel geräuschvoll gegen die Glocke und unterbricht dabei den Stromkreis. Der Elektromagnet lässt deshalb den Klöppel los und schließt dabei den Stromkreis wieder. Der Klöppel wird wieder gegen die Glocke gezogen. Dieses tönende Wechselspiel stört so lange, wie der Klingeltaster gedrückt ist.

Dieses Prinzip können wir auf einen Zweiwegaktor anwenden:

• Wenn der Draht 1 geheizt ist, geht der Aktor in Position 1.
• Wenn der Aktor in Position 1 ist, schaltet er den Heizstrom für den Draht 1 aus und den Heizstrom für den Draht 2 an.
• Wenn der Draht 2 geheizt ist, geht der Aktor in Position 2.
• Wenn der Aktor in Position 2 ist, schaltet er den Heizstrom für den Draht 2 aus und den Heizstrom für den Draht 1 an.

Für einen vorgespannten Aktor müssen wir das Prinzip folgendermaßen abwandeln:

• Wenn der Nitinoldraht geheizt ist, geht der Aktor in Position 1.
• Wenn der Aktor in Position 1 ist, schaltet er den Heizstrom aus.
• Wenn der Nitinoldraht sich entspannt, zieht die Stahlfeder den Aktor in Position 2.
• Wenn der Aktor in Position 2 ist, schaltet er den Heizstrom für den Nitinoldraht ein.

Grundsätzlich ist dieses Prinzip nicht auf stromgeheizte Nitinolaktoren beschränkt. Statt des Heizstroms ist eine äußere Wärmequelle denkbar, die den Aktor antreibt und dabei von ihm geschickt gelenkt oder genutzt wird, so wie es auch in der Dampfmaschine oder dem Stirlingmotor geschieht. (Ein Motor auf Nitinolbasis, der in gewisser Weise dem Stirlingmotor entspricht, wurde bereits entwickelt.) Dieses Prinzip in einen arbeitenden Nitinolmotor umzusetzen ist möglich, aber trotzdem eine Herausforderung an den Erfindergeist. Denn wie üblich steckt der Teufel im technischen Detail. Die Umschaltung des Heizstroms oder der äußeren Wärmequelle ist der kritische Punkt. Dies muss so geschehen, dass der Aktor zuverlässig von einer Position in die andere gelangt. Vielleicht macht es Ihnen Spaß, diese Herausforderung anzunehmen?!

8 Nitinolinsekten

Nitinolaktoren werden auch in der Robotik eingesetzt. Da sie besonders platzsparend konstruiert werden können, bieten sich nicht zuletzt für kleine und Kleinstroboter an. Roboter, die Insekten nachahmen, sind ein beliebtes Thema für professionelle Roboterforscher und private Roboterbastler. Aufgrund ihrer sechs Beine haben diese Roboter einen stabilen Stand und Gang. Aufgrund ihrer sechs Beine benötigen sie allerdings auch eine aufwendige Mechanik und elektronische Steuerung. Denn jedes Bein hat mehrere Gelenke, die sich unabhängig voneinander bewegen können. Die grundlegende Schrittfolge der Insekten läuft dabei so ab: Das vordere und hintere Bein derselben Körperseite und das mittlere Bein der anderen Körperseite bleiben am Boden. Die anderen drei Beine werden angehoben, nach vorne gedreht und abgesetzt. Sie stützen nun den Körper ab und schieben ihn vorwärts, während die drei ehemaligen Standbeine angehoben werden und so weiter. Der genaue Ablauf wird hierbei an die Geländeverhältnisse angepasst.

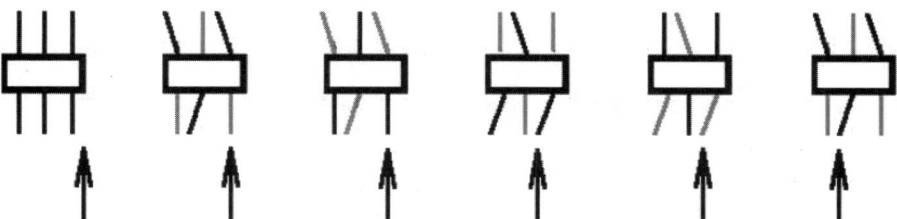

Abb. 8.1: Dieses Schema zeigt stark vereinfacht das grundlegende Prinzip des Schreitens eines Insekts. Soweit das Insekt nicht auf besondere Geländebedingungen reagieren muss oder Beine als Fühler verwendet, befinden sich stets drei der sechs Beine am Boden (schwarz). Die restlichen Beine werden gemeinsam angehoben (grau). Der Pfeil symbolisiert einen festen Bezugspunkt im Gelände, so dass die Vorwärtsbewegung verdeutlicht wird.

Die Schrittfolge der Insekten wird in einigen Roboterlabors mithilfe aufwendiger Mechanik, etlicher Servomotoren und ausgeklügelter Elektronik nachgeahmt, auch wenn die Perfektion der Natur längst nicht erreicht wird. Das Ganze ist nicht nur technisch aufwendig, sondern auch teuer. Besonders dort, wo die Zusammenarbeit vieler Insektenroboter untersucht wird, aber auch im Schulunterricht oder Bastelraum, wird daher nach einfacheren Lösungen gesucht. Um das Problem zu vereinfachen, wird die Zahl der Gelenke verringert und der Bewegungsablauf entsprechend vereinfacht. Im Extremfall genügt es sogar, den Beinen lediglich die Vorwärts- und Rückwärtsbewegung zu ermöglichen. Als Antriebsmotor für jedes Bein genügt dann ein Nitinoldraht pro Bein.

Die Beine nutzen dabei das Flitzbogenprinzip. Sie bestehen aus Federstahldraht und werden durch den Nitinoldraht zurückgebogen. Dadurch stoßen die Füße den Körper des Nitinolinsekts nach vorn. Wenn sich der Nitinoldraht abkühlt und entspannt, wird er durch den Stahldraht wieder gestreckt. Die Füße bewegen sich dabei nach vorne. Da sie etwas nach hinten gebogen sind, reiben sie hierbei weniger stark über den Boden, als wenn sie zurückgezogen werden. Daraus resultiert ein Schreitmechanismus, der das Nitinolinsekt am besten auf leicht rauem Untergrund vorwärts bewegt.

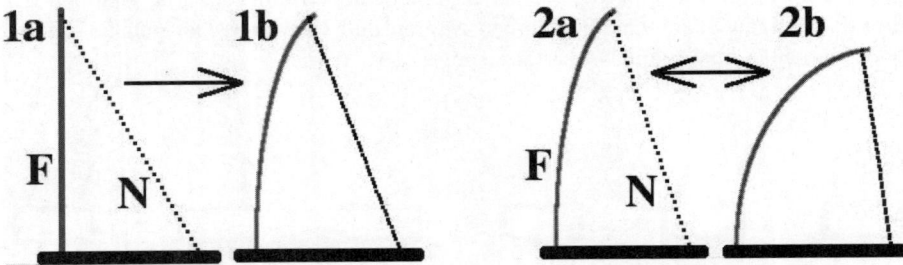

Abb. 8.2: Flitzbogenprinzip: Wie ein Flitzbogen spannt der Federstahldraht den Nitinoldraht. Je nach Dicke des Stahldrahts ist eine gewisse Vorspannung nötig. Wenn sie zu gering ist, kann der Stahldraht den entspannten Nitinoldraht nicht wieder strecken (1a → 1b). Wenn sie angemessen ist, entsteht ein vorgespannter Aktor (2a ↔ 2b).

Das Flitzbogenprinzip nutzt auch Stiquito, um sich vorwärts zu bewegen. Das ist ein winziger und preiswerter Roboter auf sechs Nitinolbeinchen, der als Bausatz zu kaufen ist. Er wurde 1992 von Jonathan Mills an der Universität Indiana, USA, entwickelt. Ursprünglich wurde Stiquito als genial einfaches und kostengünstiges Kunstinsekt der Robotikforschung erdacht, das in Kolonien mit seinesgleichen zusammenwirken sollte, um biologische Systeme elektronisch zu simulieren. Nebenher entwickelte sich Stiquito schnell zu einem beliebten Lernmittel für

Schüler und Studenten. Seitdem wurden von Jonathan Mills, anderen Forschern und privaten Bastlern unterschiedlich komplexe Variationen des Stiquito ersonnen und gebaut.

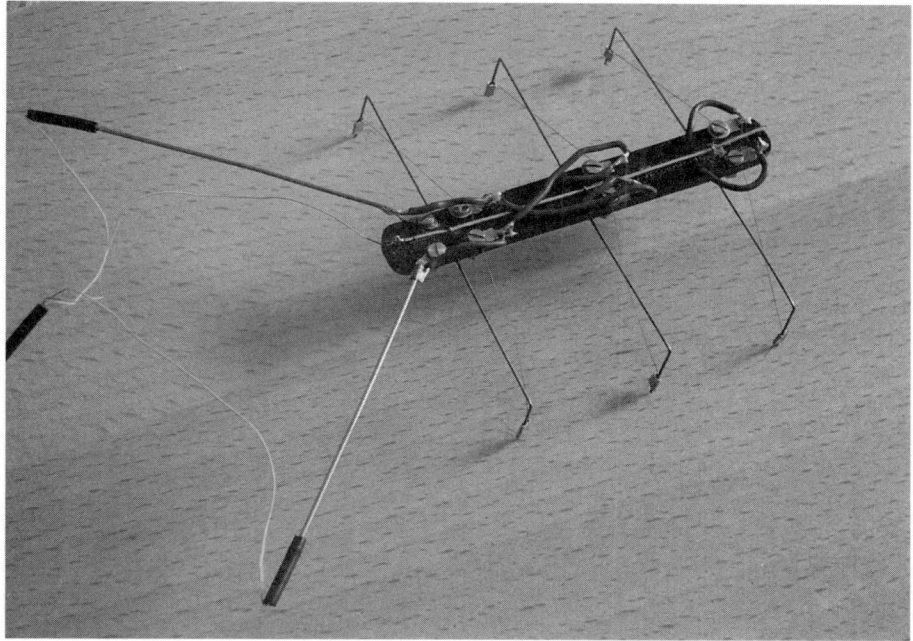

Abb. 8.3: Das genial einfache Nitinolinsekt Stiquito gibt es heute in den unterschiedlichsten Varianten

Der Plasikkörper des Stiquito ist etwa 7,5 cm lang und 1 cm breit. Die Beine stehen seitlich jeweils etwa 3 cm ab. Auf engem Raum werden sämtliche Anschlüsse des Nitinoldrahts durch dünne Crimphülsen hergestellt. Da diese Konstruktion reichlich Fingerfertigkeit erfordert, versuchen wir es mit einem etwas anderen mechanischen Aufbau und konstruieren die wandelnde Lochrasterplatte.

8.1 Die wandelnde Lochrasterplatte

Als Körper für unser Nitinolinsekt nehmen wir eine Lochrasterplatte, wie sie üblicherweise für elektronische Schaltungen verwendet wird. Sie ist 10 cm lang und 5 cm breit. Sie bietet daher deutlich mehr Platz für die Mechanik des Nitinolinsekts und auf ihr kann sogar eine elektronische Steuerung samt Batterien untergebracht werden. Um den Bau weiter zu vereinfachen, verwenden wir Quetschkabelschuhe als Konstruktionselemente für die Beine.

Materialien:

- Insgesamt etwa 50 cm Nitinoldraht mit 0,1 mm Durchmesser (z. B. Flexinol 0,1 LT)
- Insgesamt etwa 60 cm Federstahldraht mit 0,5 bis 0,8 mm Durchmesser
- 1 Lochrasterplatte 10 x 5 cm
- 12 Quetschkabelschuhe mit Ring
- 12 Schrauben M2 oder M3
- 18 passende Schraubenmuttern

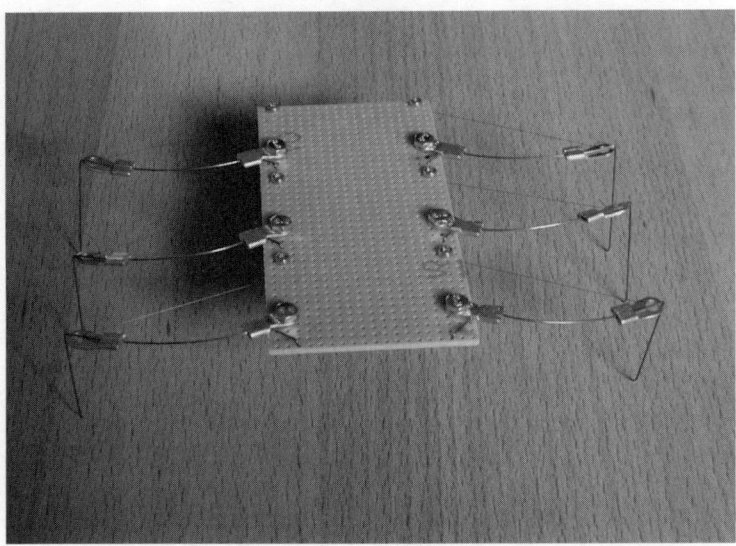

Abb. 8.4: Die wandelnde Lochrasterplatte

Abb. 8.5: Die Beine und Nitinoldrähte sind auf der Unterseite mit Muttern verschraubt.

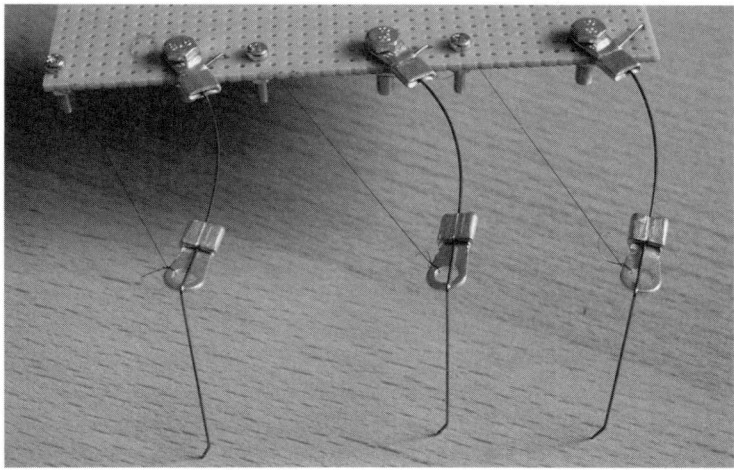

Abb. 8.6: Die Beine aus Federstahldraht arbeiten nach dem Flitzbogenprinzip. An der Platte sind sie mithilfe der Quetschkabelschuhe verschraubt und zusätzlich mit je einem Ende des Stahldrahts festgeklemmt. Die Füße sind etwas nach hinten gebogen, um die Reibung für den Vorwärtsschub zu vergrößern.

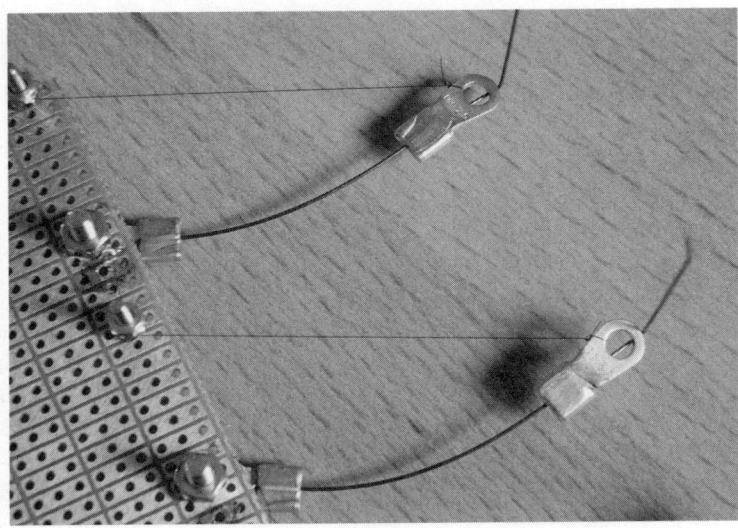

Abb. 8.7: Die Nitinoldrähte sind mit einer Schlaufe an den Kabelschuhen der Beine befestigt und an der Lochrasterplatte zwischen zwei Schraubenmuttern festgeklemmt.

Jedes der sechs Beine biegen wir uns aus 10 cm langem Federstahldraht zurecht. 1,5 cm vor dem einen Ende des Drahts befestigen wir einen Quetschkabelschuh mit Ring. Dieser Ring dient als „Hüfte". Wir nutzen ihn, um das Bein an die Lochrasterplatte zu schrauben. Prinzipiell könnten die Beine an die Platte gelötet werden. Schraubverbindungen sind jedoch stabiler und nehmen es einem nicht gleich übel, wenn man zu sehr am Bein herumbiegt. Die überstehenden 1,5 cm des Drahts biegen wir so, dass sie sich in ein Loch der Rasterplatte klemmen lassen. Auf diese Weise verhindern wir, dass sich die Ringe verdrehen, wenn der Nitinoldraht am Bein zieht. Das „Knie" winkeln wir in 5 cm Abstand von der Lochrasterplatte um 90° an. Dadurch erhält das Bein einen 3,5 cm langen Unterschenkel, von dem wir die letzten 5 mm als „Fuß" im 45°-Winkel nach hinten biegen. Die Enden der Beindrähte sind unangenehm spitz, nachdem sie per Seitenschneider auf die passende Länge gestutzt wurden. Nach meiner schmerzlichen Erfahrung ist es daher empfehlenswert, die Spitzen abzufeilen. Ansonsten kann es passieren, dass Sie sich die Spitzen bei der Montage versehentlich in die Fingerkuppen pressen.

Oberhalb des Knies unseres zukünftigen Nitinolinsekts pressen wir einen Kabelschuh fest, so dass der Ring zum Knie weist. An diesem Ring befestigen wir den Nitinoldraht mit einer Schlaufe. Das andere Ende des Drahts wird etwa 2 cm hinter der Hüfte mithilfe einer Schraube zwischen zwei Muttern geklemmt. Hierbei müssen wir den Nitinoldraht vorspannen, so dass der Stahldraht etwas nach hinten gebogen wird. Ist die Vorspannung zu klein, kann der Stahldraht den Nitinoldraht nicht wieder strecken. Ist sie dagegen zu groß, kann sich der Nitinoldraht nicht genug zusammenziehen.

8.2 Einstellen der mechanischen Vorspannung

Bei der wandelnden Lochrasterplatte wirkt der Nitinoldraht zusammen mit dem Federstahldraht des Beins als vorgespannter Aktor. Wie wir bei der Vorstellung dieses Aktortyps erkannt haben, ist es wichtig, die passende mechanische Vorspannung einzustellen. Ein wesentlicher Punkt hierbei ist der Durchmesser des Stahldrahts. Je dicker er ist, desto mehr Kraft ist erforderlich, um ihn zu biegen. Die Biegekraft ist außerdem umso höher, je weiter innen der Nitinoldraht angreift. Dieser Angriffspunkt kann durch die Position des äußeren Quetschkabelschuhs eingestellt werden, an dem der Nitinoldraht befestigt ist. Mit diesen Punkten im Hinterkopf können Sie folgendermaßen vorgehen, um die Vorspannung zu justieren: Sie befestigen den Nitinoldraht als Erstes mit einer Schlaufe am Ring des äußeren Quetschkabelschuhs. Grundsätzlich ziehen Sie nun so fest am Nitinoldraht, dass der Stahldraht sich ausreichend biegt. Dann schrauben Sie unter Beibehaltung der Biegung den Nitinoldraht, wie oben beschrieben, an der Lochrasterplatte fest. Die richtige Biegung des Federstahldrahts können Sie folgendermaßen ermitteln:

Methode 1: Versuch und Irrtum
Sie befestigen den Nitinoldraht an der Lochrasterplatte und biegen den Federstahldraht dabei so weit, wie Sie es als angemessen empfinden. Dann legen Sie an die Enden des Nitinoldrahts kurzzeitig eine Spannung von 3 Volt, bis sich der Draht zusammenzieht. Wenn der Stahldraht den Nitinoldraht nach ein bis zwei Sekunden wieder streckt, haben Sie die passende mechanische Vorspannung gefunden. Wenn sich der Nitinoldraht zu langsam oder gar nicht wieder streckt, müssen sie den Stahldraht etwas stärker biegen und den Test wiederholen. Wenn er sich überhaupt nicht zusammenzieht, ist die Vorspannung zu groß, und Sie müssen die Biegung des Stahldrahts verringern.

Methode 2: Kraftmessung
Anhand des Datenblatts des Nitinoldrahts oder durch Ausprobieren kennen wir die Kraft, die mindestens nötig ist, um den Draht zu strecken. Sie ist etwa ein Drittel seiner Maximalkraft. Mithilfe einer Federwaage können wir genau diese Kraft auf den Federstahldraht ausüben. Dabei wird er sich so weit biegen, wie es dieser Kraft

entspricht. Wir müssen lediglich die Federwaage anstelle des Nitinoldrahts am Federstahldraht einhängen und genau in der Richtung ziehen, in der auch der Nitinoldraht ziehen würde. Hierbei ziehen wir nur so stark, dass die Federwaage die nötige Zugkraft anzeigt. Die Biegung des Stahldrahts merken wir uns oder markieren sie auf einem untergelegten Blatt Papier. Nun ersetzen wir die Federwaage durch den Nitinoldraht, ziehen so stark, dass sich die eben bestimmte Biegung ergibt, und klemmen den Nitinoldraht fest.

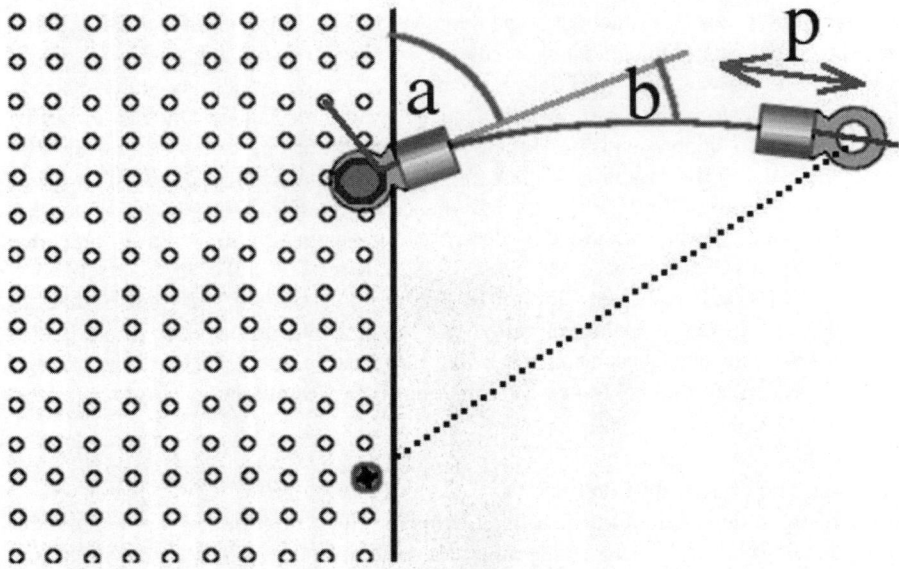

Abb. 8.8: Das Montageschema des Beins der wandelnden Lochrasterplatte verdeutlicht die Einstellung der mechanischen Vorspannung. Wie stark der Federstahldraht den Nitinoldraht vorspannt, hängt von diesen Merkmalen ab: dem Durchmesser des Stahldrahts, dem Winkel b zwischen dem geraden und gebogenen Stahldraht und der Position p des äußeren Quetschkabelschuhs. Der innere Quetschkabelschuh kann um den Winkel a nach vorn gedreht sein, um den Biegewinkel b auszugleichen. Oberhalb des inneren Quetschkabelschuhs ist der Stahldraht in der Lochrasterplatte festgeklemmt, damit sich die Verschraubung durch die Zugbelastung nicht lockert.

8.3 Eine einfache Fernsteuerung

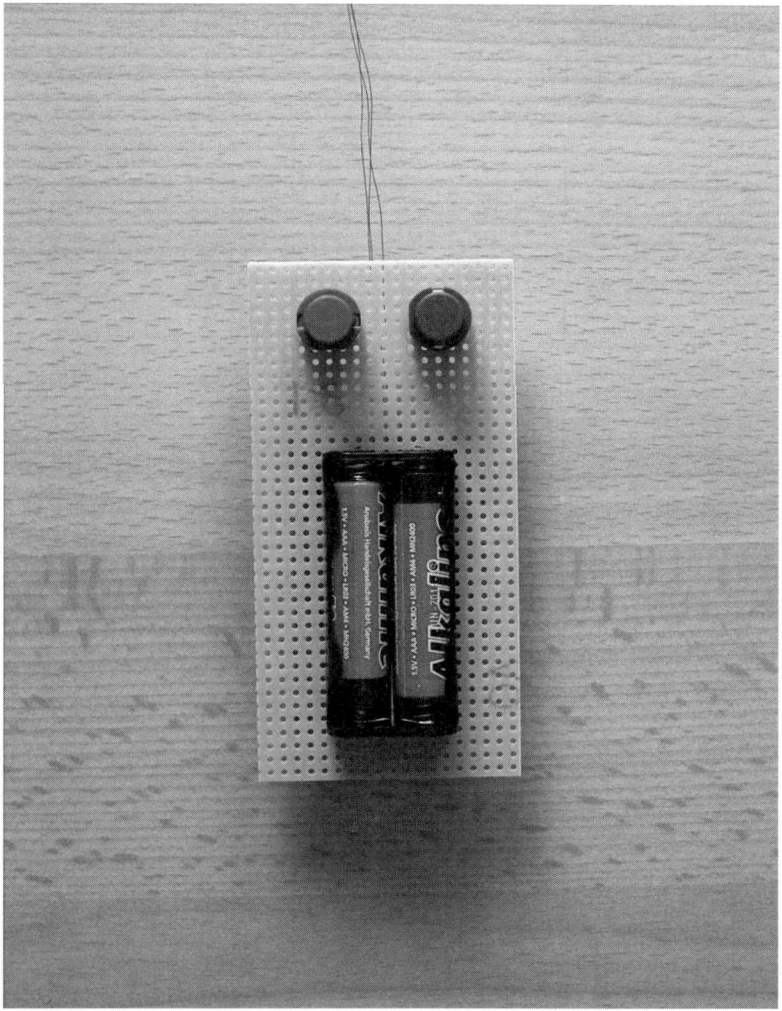

Abb. 8.9: Die wandelnde Lochrasterplatte lässt sich mit einer einfachen Schaltung fernsteuern.

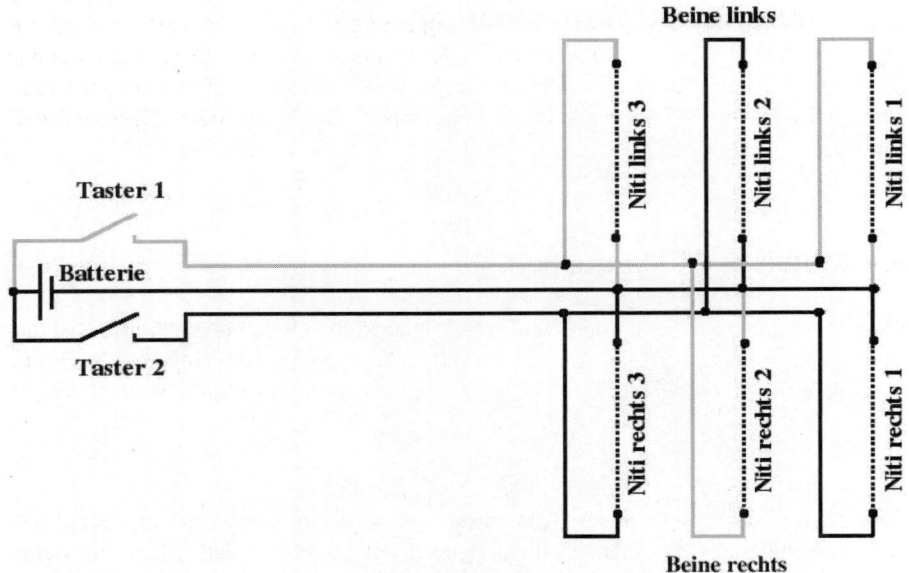

Abb. 8.10: Schaltplan der Fernsteuerung: Links ist die eigentliche Steuerung mit Batterie (2 x 1,5 Volt) und zwei Tastern abgebildet. Sie wird in der Hand gehalten. Rechts ist die Verkabelung der sechs Beine zu sehen. Beide Teile der Schaltung werden durch drei Leitungen verbunden.

Nachdem der mechanische Aufbau unserer wandelnden Lochrasterplatte fertiggestellt ist, verdrahten wir ihre Beine wie in Abbildung 8.10 dargestellt. Dadurch wird erreicht, dass jeweils das Vorder- und Hinterbein derselben Seite und das mittlere Bein der gegenüberliegenden Seite aktiviert werden. Unsere Konstruktion lässt sich nun ohne großen Aufwand fernsteuern.

Materialien:

- 1 Lochrasterplatte 10 x 5 cm
- 2 Taster für die Printmontage (bei Druck schließend)
- zwei 1,5-Volt-Batterien
- Passender Batteriehalter
- Etwa 1,5 m dünner, biegsamer Kupferlackdraht (etwa 0,1 mm Durchmesser)

Die beiden Taster können wir zusammen mit zwei 1,5-Volt-Batterien und einem Batteriehalter auf einer Lochrasterplatte unterbringen. Die Batterien schalten wir in Reihe. Das bedeutet, wir verbinden den Pluspol der einen mit dem Minuspol der anderen Batterie. An den beiden freien Polen liegen dann 3 Volt an. Drei Leitungsdrähte verbinden diese Fernsteuerung mit unserem Nitinolinsekt. Für unsere Zwecke können Drahtlängen von etwa 50 cm genügen. Die Drähte müssen biegsam sein und dürfen dessen Bewegungen nicht behindern. Daher bietet sich dünner Kupferlackdraht an, mit einem Durchmesser in der Größenordnung von etwa 0,1 mm. An den Enden muss seine isolierende Lackschicht abgeschabt oder abgeschmirgelt werden.

8.4 Mögliche Fehlerquellen

Wenn die wandelnde Lochrasterplatte sich nicht so verhält, wie Sie es erwarten, ist das kein Grund, frustriert zu sein. Anhand der möglichen Ursachen für folgende Fehlfunktionen können wir uns noch einmal wichtige Punkte der Nitinolaktoren verdeutlichen:

Die Bewegungsrichtung tendiert nach rechts oder links
Es ist schwer, die Mechanik des Nitinolinsekts so zu justieren, dass es exakt geradeaus geht. Die Füße können unterschiedlich festen Kontakt zum Boden haben, die Beine sind eventuell nicht genau gleich lang oder arbeiten nicht parallel. Möglicherweise sind die Vorspannungen der einzelnen Nitinoldrähte unterschiedlich oder sie ziehen sich unterschiedlich stark zusammen, beispielsweise weil der eine oder andere Übergangswiderstand zum Nitinoldraht zu hoch ist oder die Verkabelung fehlerhaft ist.

Manche oder alle Beine bewegen sich kaum
Wenn die Beine sich trotz ausreichender Batteriespannung kaum bewegen, kann dies folgende Ursachen haben: Es hat sich irgendwo in der Verkabelung ein hoher Übergangswiderstand eingeschlichen, insbesondere an den elektrischen Kontaktstellen der Nitinoldrähte (mangelhaft abgeschliffene Oxidschicht). Eventuell ist der Nitinoldraht ungenügend vorgespannt. Wenn er sich das erste Mal zusammenzieht, reicht die Kraft des zu schwach gebogenen Beins nicht aus, um ihn vollständig zu strecken. Wenn der Draht sich danach erneut zusammenzieht, ist seine Verkürzung entsprechend klein. Unter Umständen wurde auch durch Überlastung das Formgedächtnis des einen oder anderen Nitinoldrahts geschädigt.

Das eine oder andere Bein bewegt sich gar nicht
Die Verkabelung des Beins ist möglicherweise fehlerhaft, oder der Nitinoldraht ist schlaff befestigt, so dass er keine Kraft auf das Bein übertragen kann. Eventuell hat auch der eine oder andere Nitinoldraht durch Überlastung sein Formgedächtnis verloren.

8.5 Weitere Konstruktionsmöglichkeiten für Nitinolinsekten

Die von uns konstruierte wandelnde Lochrasterplatte ahmt den sechsbeinigen Gang der Insekten nur ansatzweise nach, da sich ihre Beine lediglich vor- und zurückbewegen. Der Vorteil dieser Konstruktion liegt im geringen Aufwand. Mit etwas mehr Aufwand können wir uns dem natürlichen Vorbild etwas annähern. Wir können den sechs Beinen zusätzlich die Möglichkeit der Aufwärts- und Abwärtsbewegung spendieren. Wenn wir uns darauf beschränken, immer drei Beine gleichzeitig zu bewegen, benötigen wir hierfür nur zwei zusätzliche Nitinoldrähte.

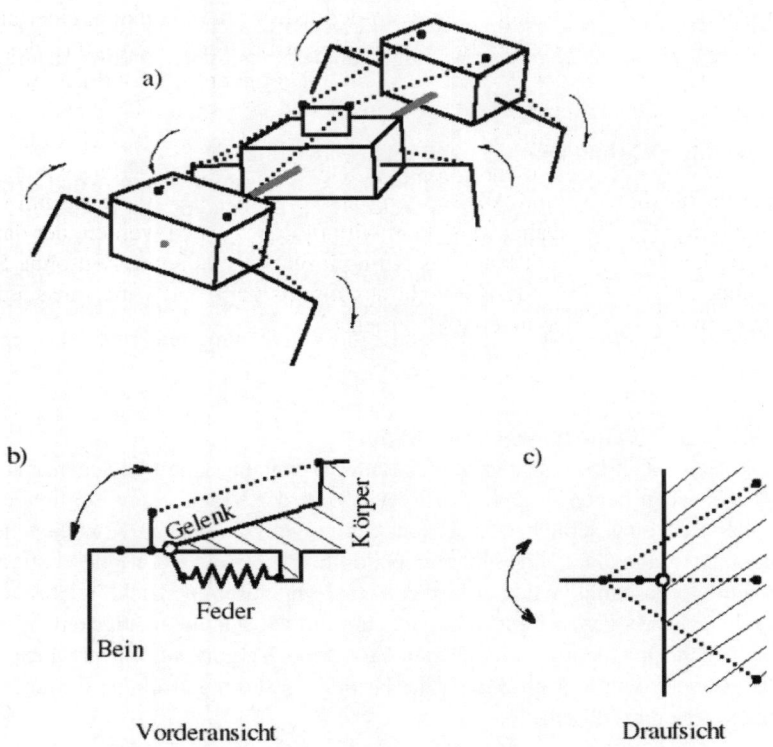

Abb. 8.11: Neben dem Flitzbogenprinzip gibt es weitere Möglichkeiten, den Gang eines Insekts vereinfacht nachzuahmen. a) Zwei zusätzliche Nitinoldrähte oberhalb der drei drehbaren Körperabschnitte ermöglichen es, wechselseitig die Beine zu heben. b) und c) Das Bein des Nitinolinsekts besteht aus einem vorgespannten Aktor für die Auf- und Abbewegung sowie einem Zweiwegaktor für die Vor- und Zurückbewegung.

Wie in Abbildung 8.11 a) zu sehen ist, besteht diese Konstruktion aus drei Abschnitten, die sich um eine gemeinsame Längsachse drehen können. Die beiden zusätzlichen Nitinoldrähte sind über die turmartige Erhöhung des mittleren Abschnitts gespannt und verbinden den ersten und dritten Abschnitt. Derjenige Nitinoldraht, der sich gerade zusammenzieht, hebt auf seiner Seite das Vorder- und Hinterbein an, während das mittlere Bein auf den Boden gedrückt wird. Der andere Nitinoldraht macht dasselbe, jedoch seitenverkehrt. Beide Nitinoldrähte arbeiten daher als Zweiwegaktor gegeneinander. Die sechs Beine werden durch sechs Nitinoldrähte nach dem Flitzbogenprinzip vor- und zurückbewegt. Andere Konstruktionen sind hier denkbar. Denn sie müssen lediglich gewährleisten, dass sich die beiden Beine eines Körperabschnitts in entgegengesetzte Richtungen bewegen.

In den Abbildungen 8.11 b) und c) sind Vorderansicht und Draufsicht einer anderen Beinkonstruktion zu sehen. Sie ermöglicht die unabhängige Bewegung des Beins nach oben, nach unten, vor und zurück. Das Flitzbogenprinzip wird hierbei nicht angewandt, stattdessen besitzt das Bein ein Gelenk. Für sämtliche Bewegungsrichtungen werden pro Bein drei Nitinoldrähte benötigt. Die beiden Nitinoldrähte für die Vorwärts- und Rückwärtsbewegung arbeiten als Zweiwegaktor, während der Nitinoldraht für die Auf- und Abbewegung als vorgespannter Aktor zusammen mit einer Stahlfeder arbeitet. Daher muss kein Nitinoldraht geheizt werden, der das Bein auf den Boden drückt. Somit kann das Nitinolinsekt auch längere Zeit ohne Stromzufuhr stehen bleiben. Falls das Gewicht des Insekts verändert wird, muss lediglich die Vorspannung der Feder angepasst werden.

9 Steuerschaltungen

Grundsätzlich lässt sich der elektrisch geheizte Nitinoldraht allein mithilfe von Schaltern und Tastern steuern. Die Steuerung der Stromimpulse kann sogar durch elektromechanische Vorrichtungen automatisiert werden. Mehr Komfort bieten elektronische Steuerschaltungen, die den Zeitpunkt und die Dauer der Stromimpulse steuern oder regelmäßig Impulse liefern. Wenn Sie mehrere Nitinoldrähte verwenden, können diese auch zeitlich versetzt geheizt werden. Mithilfe von Sensoren kann die Steuerung zudem auf Signale wie Licht und Ton reagieren. Noch intelligenter wird der Nitinolmechanismus, wenn ihn ein Mikroprozessor oder PC steuert.

Im Folgenden werden wir uns einige dieser Möglichkeiten ansehen, auch wenn dies keine Elektroniklehrbücher und Datenblätter ersetzen kann. Sie werden aber mindestens die Richtungen erkennen, in denen Sie im Bedarfsfall Erfahrungen und Kenntnisse sammeln müssten.

Manche der hier vorgestellten Schaltungen können Sie in dieser oder ähnlicher Form als Bausätze im Elektronikhandel kaufen, allerdings ohne Nitinoldraht. Bausätze vereinfachen die Lötarbeiten, da die Schaltungen häufig erläutert werden, Leiterbahnplatinen üblicherweise mitgeliefert werden und die Bauteilanschlüsse genau beschrieben sind. Die Bausätze sind ursprünglich zum Ansteuern von Lampen und anderen Verbrauchern gedacht. Teilweise müssen diese Schaltungen an die Bedürfnisse des Nitinoldrahts angepasst werden. Denn beispielsweise benötigt der Draht eine auf ihn abgestimmte elektrische Spannung; und die Schalttakte dürfen nicht zu schnell sein, damit sich der Draht zwischendurch abkühlen kann. Für den Einsatz mit Nitinoldrähten sind insbesondere Bausätze zeitgesteuerter und sensorgesteuerter Schaltungen interessant.

9.1 Reed-Schaltkontakt

Der Reed-Schaltkontakt oder kurz *Reed-Kontakt* besteht aus zwei Kontaktzungen in einem Glasröhrchen. Das Röhrchen ist luftleer oder mit Schutzgas gefüllt. Die beiden Zungen bestehen aus leicht magnetisierbarem Material. Wenn auf sie ein Magnetfeld einwirkt, zum Beispiel das eines Dauermagneten, ziehen sich die beiden Zungen an und bilden einen geschlossenen Schaltkontakt. Sobald das Magnetfeld verschwindet, öffnet sich der Schaltkontakt aufgrund seiner Federwirkung. Den

Reed-Kontakt gibt es in unterschiedlichen Gehäuseformen als einfachen Schalter, als Relais und Sensor. Seine Vorteile sind der geringe Schaltungsaufwand und seine Zuverlässigkeit.

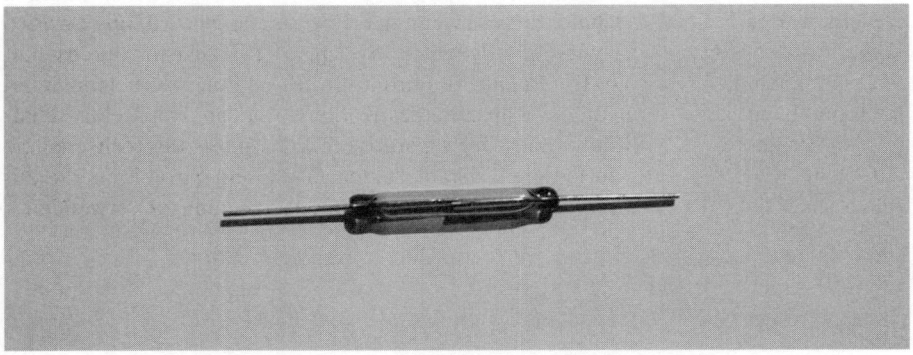

Abb. 9.1 Der Reed-Kontakt im Glasröhrchen ist eine von vielen Bauformen.

Wir können den Reed-Kontakt einerseits dazu verwenden, den Stromkreis des Nitinol-drahts zu schließen, sobald ein Magnetfeld auf ihn einwirkt. In diesem Fall kann die Schaltung als Annäherungsschalter oder Sensor dienen. Sie kann beispielsweise auf das Schließen einer Tür reagieren, wenn die Tür mit einem Magneten bestückt ist, in dessen Rahmen der Reed-Kontakt montiert ist.

Andererseits können wir den Reed-Kontakt verwenden, um innerhalb des Nitinoldraht-Schaltkreises eine Rückkopplung zu erzeugen. Für die Rückkopplung sind verschiedene Szenarien denkbar:

- Der Stromfluss des Nitinoldraht-Schaltkreises erzeugt ein Magnetfeld in einer Magnetspule. Deren Magnetfeld schließt den Reed-Kontakt und damit deren Strom-kreis. Dadurch wird eine elektrische oder elektromechanische Reaktion ausgelöst, die den Nitinoldraht mechanisch, elektrisch oder durch Ändern der Heiz- oder Kühl-bedingungen beeinflusst.

- Die Bewegung des Nitinoldrahts zieht einen Magneten am Reed-Kontakt vorbei oder umgekehrt. So schließt der Reed-Kontakt und somit der Stromkreis. Dadurch wird eine elektrische oder elektromechanische Reaktion ausgelöst, die den Nitinol-draht mechanisch, elektrisch oder durch Ändern der Heiz- oder Kühlbedingungen beeinflusst.

Solche und ähnliche Konstruktionen lassen sich für elektromechanische Maschinen und Regelungen verwenden.

9.2 Zeitschalter

Mit dem Zeitschalter können wir den Nitinoldraht für eine bestimmte Zeitdauer aktivieren. Die Schaltung auf der Abbildung 9.2 löst diese Aufgabe mit wenigen Bauteilen. Der Transistor schaltet durch, wenn der Taster betätigt wird, und zwar so lange, bis der Kondensator wieder entladen ist. Solange der Transistor durchschaltet, zieht auch das Relais an. Die Schaltzeit wird mithilfe des Potenziometers eingestellt und hängt außerdem von der Kapazität des Kondensators ab. Das Relais schaltet den Stromkreis des Nitinoldrahts, der separat vom Schaltkreis des Zeitschalters aufgebaut wird. Wir müssen lediglich darauf achten, in diesem Stromkreis die zur Länge und Dicke des Nitinoldrahts passende Aktivierungsspannung zu verwenden.

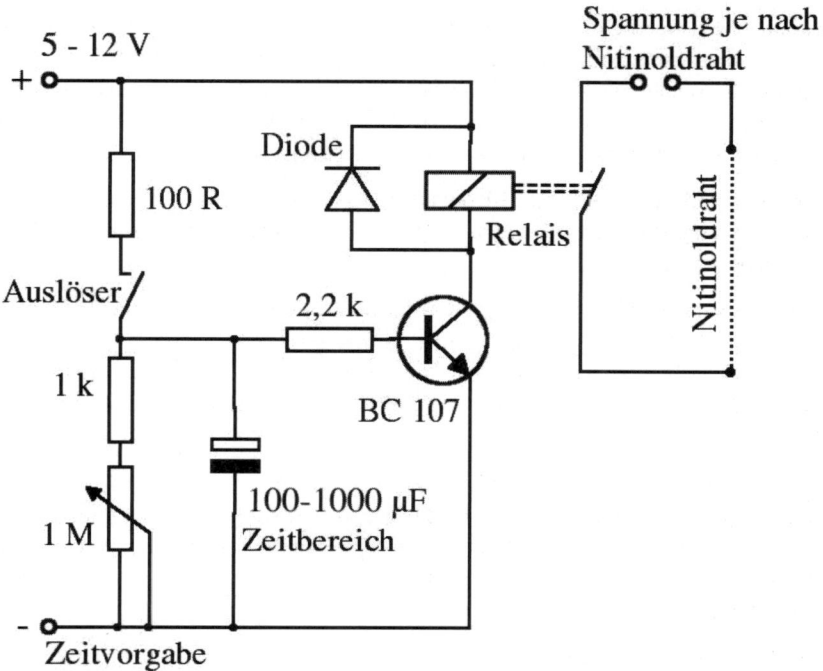

Abb. 9.2 Zeitschalter mit Relais

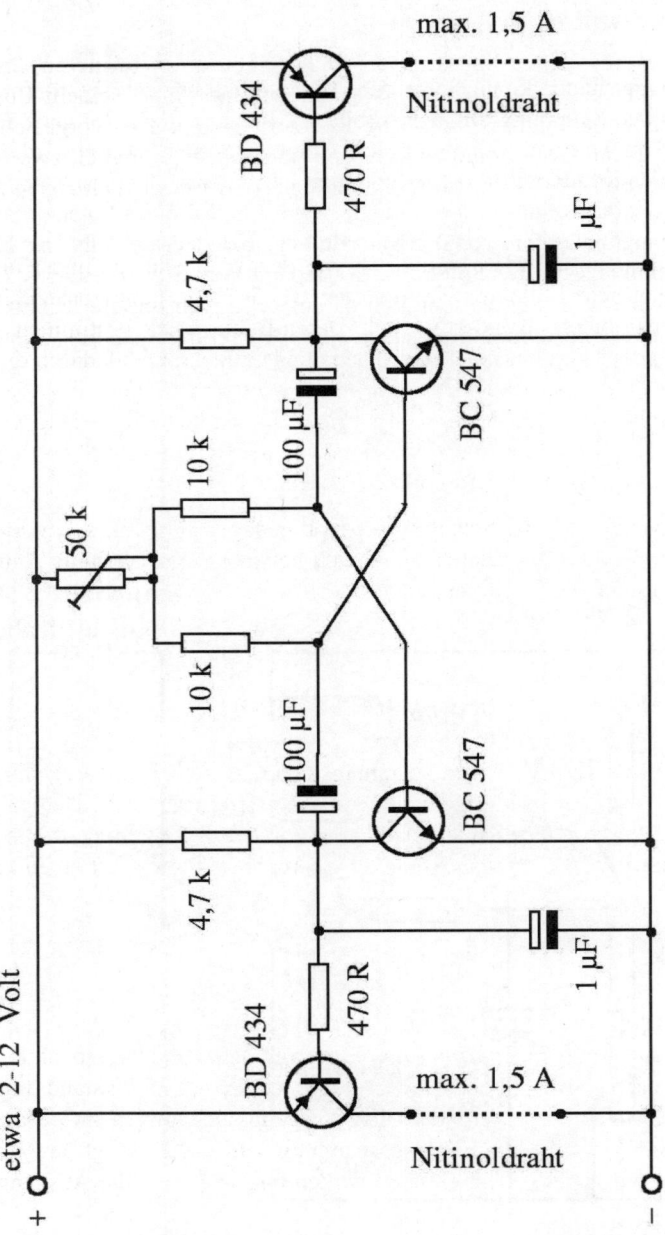

Abb. 9.3 Der Bausatz eines Glühlampen-Wechselblinkers lässt sich mit den angegebenen Daten als Taktgeber für Nitinoldrähte umfunktionieren.

9.3 Mehrere Nitinoldrähte abwechselnd aktivieren

Ein Beispiel für einen Bausatz, der sich leicht umkonstruieren lässt, ist der Glühlampen-Wechselblinker. Fred Wagenknecht hat ihn in seinem Buch „Erfolgreich experimentieren mit Nitinol-Mini-Robotern" bereits kurz vorgestellt. Der Bausatz ist bei Conrad Electronic zu beziehen und soll ursprünglich zwei Glühbirnen abwechselnd blinken lassen. In der Abbildung 9.3 ist die Schaltung mit den neuen Bauteildaten zu sehen.

Die Blinkfrequenz hängt wesentlich ab von den Widerständen und Kondensatoren zwischen den beiden inneren Transistoren BC 547 und kann zusätzlich durch das Trimmpotenziometer verändert werden. Deren Bauteilwerte bestimmen, wie schnell sich die Kondensatoren abwechselnd laden und entladen und dadurch die Transistoren abwechselnd leiten und sperren. Wenn wir die ursprünglichen Widerstände und Kondensatoren des Bausatzes gegen größere austauschen, verlangsamt sich die Blinkfrequenz. Auf diese Weise können wir die Nitinoldrähte beispielsweise alle zwei Sekunden mit einem Stromimpuls heizen.

Die Ausgangsleistung der Schaltung ist groß genug, um pro Ausgang mehrere Nitinoldrähte zu betreiben. Daher lässt sie sich beispielsweise auch als Antrieb für die wandelnde Lochrasterplatte verwenden.

9.4 Regelbare Spannungsversorgung

Der LM317 ist ein einstellbarer Spannungsregler. Aus einer ungeregelten Eingangsspannung V_{in} macht er eine geregelte Ausgangsspannung V_{out}. Deren Höhe hängt ab von den Werten zweier Widerstände der äußeren Beschaltung, die in Abbildung 9.4 zu sehen sind. Die Ausgangsspannung berechnet sich bis auf einen kleinen Fehler gemäß

$$V_{out} = 1{,}25 \cdot (1 + R2/R1),$$

wobei 240 Ohm für R1 eine sinnvolle Größe ist. Der Spannungsregler akzeptiert Eingangsspannungen bis zu 37 Volt und liefert an seinem Ausgang bis zu 1,5 Ampere, wenn die Differenz zwischen Eingangs- und Ausgangsspannung genügend groß ist. Wenn für R2 beispielsweise ein regelbarer Widerstand mit bis zu 5 Kiloohm verwendet wird, ergeben sich Ausgangsspannungen zwischen etwa 1,25 und 27 Volt. Wie hoch die Eingangsspannung sein sollte, hängt davon ab, welche Stromstärke wir am Ausgang erzielen wollen und wie hoch die Ausgangsspannung sein soll.

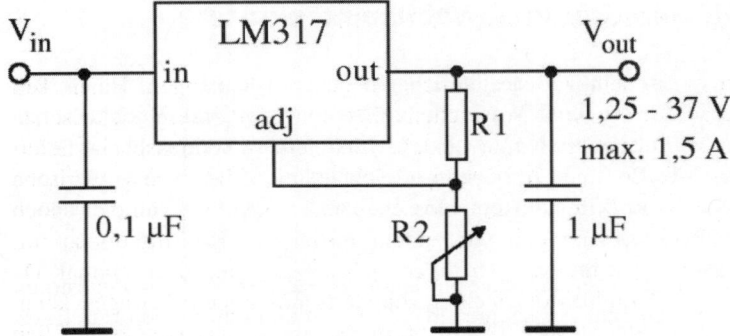

Abb. 9.4 Geregelte Spannungsversorgung mittels LM317. Die Werte der Widerstände R1 und R2 bestimmen die Höhe der Ausgangsspannung.

Abb. 9.5 Preisgünstige Solarzellen sind teilweise auf einem dünnen, rahmenlosen Glas aufgebracht. Deren elektrische Anschlüsse müssen üblicherweise selbst hergestellt werden, beispielsweise durch Lötpunkte. Die abgebildeten Solarzellen sind 2 cm groß, liefern eine Spannung von jeweils etwa 0,45 Volt. Um höhere Spannung zu erzielen, werden mehrere Zellen in Reihe geschaltet.

9.5 Spannungsversorgung mit Solarzellen

Die Sonne liefert uns scheinbar unermüdlich riesige Energiemengen. Einen Teil davon können wir mithilfe von Solarzellen abzapfen, um sie in elektrischen Strom für unsere Nitinolaktoren umzuwandeln. Bei hellem Sonnenschein liefert eine 10 x 10 cm große und 20 Gramm leichte Solarzelle eine elektrische Leistung von etwa 1 Watt. In einem geschlossenen Raum kann sie vielleicht noch ein Zehntel davon erzeugen. Wenn wir zudem für unsere Konstruktionen mit weniger Fläche auskommen müssen, verringert sich die Leistung noch einmal. Da der Strombedarf eines Nitinolaktors mehrere hundert Milliampere betragen kann, können wir die geforderte Stromstärke nicht immer direkt aus den Solarzellen beziehen.

Solarzellen werden im Handel in unterschiedlichen Formen angeboten. Einzelne Solarzellen liefern lediglich eine Spannung von etwa 0,45 Volt. Um größere Spannungen zu erzielen, werden daher mehrere in Reihe geschaltet. Größere Ströme lassen sich entnehmen, wenn die Zellen parallel geschaltet werden. So verschaltete Solarzellen werden als Solarmodule angeboten. Sie lassen sich aus preisgünstigen Solarzellen selbst herstellen, indem man sie beispielsweise durch Lötkontakte entsprechend miteinander verbindet.

Wenn wir von kleineren Solarmodulen und teilweise ungünstigen Lichtverhältnissen ausgehen, müssen wir einen Weg finden, trotzdem ausreichende Stromstärken zu erzeugen. Für manche Anwendungen wäre es zudem angenehm, nicht von Akkus als Zwischenspeicher der Sonnenenergie abhängig zu sein. Hier bieten sich spezielle Speicherkondensatoren an. Denn mit ihren hohen Kapazitäten von einigen 10.000 µF oder sogar mehreren 1000 F können sogenannte Doppelschichtkondensatoren in manchen Anwendungsbereichen Akkus ersetzen. Im Handel werden sie unter Bezeichnungen wie Goldcap, Supercap, Boostcap oder Ultracap angeboten. Sie werden beispielsweise als Spannungsquelle für Computerspeicher, Starter für Verbrennungsmotoren, Energiequelle für Modellfahrzeuge und Modellflugzeuge sowie für kleinere „lebensgroße" Transportfahrzeuge verwendet.

Der Kondensator lädt sich zwar nur auf die Spannung auf, die ihm das Solarmodul zur Verfügung stellt, dennoch speichert er in kurzer Zeit immer mehr Elektronen. Da er nicht überladen werden kann, benötigt er kein spezielles Ladegerät. Es muss allerdings auf die Polarität des Kondensators geachtet werden und darauf, dass die Ladespannung die Nennspannung des Kondensators nicht übersteigt. Im Bedarfsfall kann er die gespeicherten Elektronen sehr schnell abgeben und ermöglicht somit verhältnismäßig hohe Stromstärken. Wie lange die Kondensatorladung zum Betrieb eines Geräts anhält, lässt sich mit dieser Gleichung berechnen:

$t = C \cdot (U_L - U_{min})/I$.

Hierbei ist t die Betriebsdauer, C die Kapazität des Kondensators, U_L die Ladespannung, U_{min} die minimale Betriebsspannung des Geräts und I die Stromstärke, mit der der Kondensator entladen wird. Mit beispielsweise einer Kapazität von 1 Farad, einer erlaubten Spannungsdifferenz von 1 Volt und einem Entladestrom von 0,2 Ampere können wir ein Gerät 5 Sekunden betreiben. Das scheint wenig zu sein. Wir sollten aber bedenken, dass wir Kondensatoren mit höherer Kapazität verwenden können. Für Nitinoldrähte, die nur ab und zu aktiviert werden sollen, können diese 5 Sekunden bereits ausreichen, insbesondere, da der Kondensator durch das Solarmodul geladen wird.

Die Möglichkeiten eines hochwertigen Speicherkondensators erkennen wir schnell bei einem einfachen Versuch (Abbildung 9.6 oben). Wir laden einen Speicherkon-

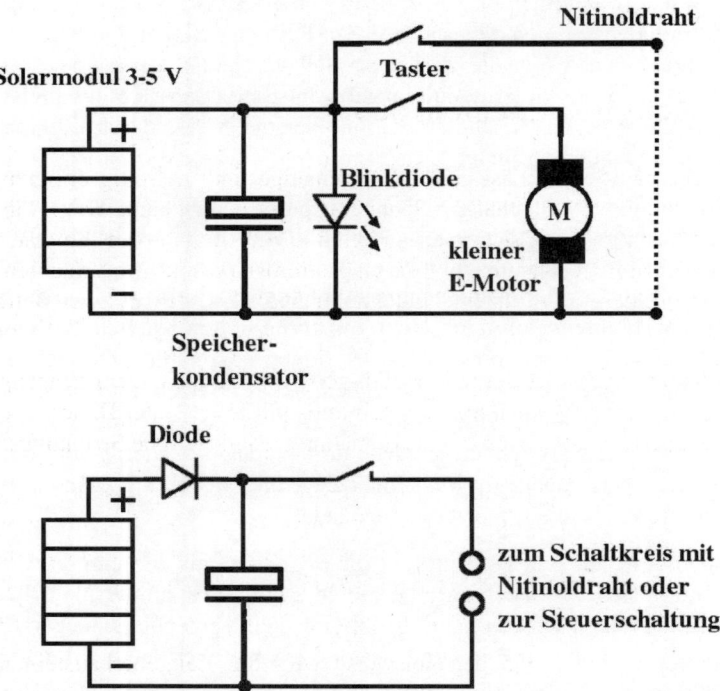

Abb. 9.6 Die Möglichkeiten des Speicherkondensators lassen sich mit einfachen Versuchen erkennen (oben). Bei manchen Anwendungen lässt er sich zusammen mit einem Solarmodul als Energiequelle einsetzen (unten). Die Diode verhindert, dass sich der Kondensator bei Dunkelheit über den Innenwiderstand des Solarmoduls entlädt.

densator an einem kleinen Solarmodul auf, das 3 bis 5 Volt liefert, und schalten parallel dazu eine Blinkdiode. Nachdem die Solarzelle kurze Zeit beleuchtet wurde, fängt die Diode an zu blinken. Wenn das Solarmodul entfernt wird, blinkt die Diode je nach Kapazität des Kondensators einige Zeit weiter. Wir können sogar einen kleinen Gleichstrommotor an den aufgeladenen Kondensator schließen. Der Motor wird für einen Moment kräftig angetrieben und entlädt den Kondensator schnell. Das Solarmodul hätte dies allein nicht geschafft. Nun ist es nicht verwunderlich, dass der geladene Speicherkondensator auch einen Nitinoldraht durch einen kleinen Stromstoß genügend aufheizen kann.

Je nach Anwendung kann es daher sinnvoll sein, den Nitinoldraht und gegebenenfalls dessen Steuerelektronik per Solarmodul und Speicherkondensator mit Energie zu versorgen. Wir sollten dabei beachten, dass sich im Dunkeln der Kondensator über den Innenwiderstand des Solarmoduls entlädt. Das kann durch eine Diode im Leitungsweg verhindert werden (Abbildung 9.6 unten).

9.6 Der Zeitgeberbaustein 555

Der Zeitgeberbaustein 555 ist eine kostengünstige und vielseitig einsetzbare integrierte Schaltung, die zeitabhängig Spannungspulse liefern kann. Es gibt ihn in verschiedenen Versionen, die sich unter anderem in der Technologie (bipolar, CMOS), der Gehäuseform, der maximalen Ausgangsstromstärke und im erlaubten Bereich der Versorgungsspannung unterscheiden. Der 555 lässt sich in zwei Betriebsarten verwenden:

1. Zeitschalter: Gesteuert durch eine Triggerspannung an seinem Eingang erzeugt der Baustein jeweils einen Spannungsimpuls mit festgelegter Dauer.
2. Taktgeber: Der Baustein erzeugt regelmäßig wiederkehrende Spannungsimpulse.

Die Dauer, Form und Frequenz der Ausgangsimpulse hängt davon ab, wie der Baustein beschaltet wird. Dazu sind nur wenige Widerstände und Kondensatoren nötig. In der Zeitschalter-Betriebsart wird die Schaltzeit durch einen Widerstand und einen Kondensator festgelegt, in der Oszillator-Betriebsart durch zwei Widerstände und einen Kondensator.

In der Bauform des NE555 beispielsweise wird der Zeitgeberbaustein mit einer Betriebsspannung zwischen 5 und 15 Volt betrieben. Er kann an seinem Ausgang Stromstärken von bis zu 200 Milliampere liefern. Der maximale Spannungspegel am Ausgang liegt dabei je nach Stromstärke etwas unterhalb der Betriebsspannung. Bei einer Betriebsspannung von 5 Volt liegt er etwa bei 3,3 Volt, der niedrige Spannungspegel dagegen bei etwa 0,1 Volt. Die Gehäuseform des NE555 ist in der Abbildung 9.7 c) dargestellt. Seine Anschlüsse haben folgende Funktionen:

Tabelle 9.1: Anschlussbelegung des NE555

1	Masse (Bezugsspannungspegel)
2	Trigger – der Ausgang schaltet auf hohen Spannungspegel, wenn die Spannung an diesem Eingang unter 1/3 der Betriebsspannung fällt.
3	Ausgang – hoher Spannungspegel etwa 1,5 Volt unter der Betriebsspannung bei maximal 200 Ampere; niedriger Spannungspegel etwa 0,1 Volt.
4	Zurücksetzen – Masse an diesem Anschluss setzt den Ausgang auf niedrigen Spannungspegel.
5	Kontrollspannung – sie ändert die Schaltschwelle am Eingang 6 (meistens per 0,01-µF-Kondensator mit Masse verbunden).
6	Schaltschwelle – der Ausgang schaltet auf niedrigen Spannungspegel, wenn die Spannung an diesem Eingang über 2/3 der Betriebsspannung steigt.
7	Entladung – dieser Anschluss wird auf Masse geschaltet, wenn der Ausgang auf niedrigem Spannungspegel ist. Der angeschlossene, schaltzeitbestimmende Kondensator kann sich darüber entladen.
8	Betriebsspannung – zwischen etwa 5 und 15 Volt (andere Versionen des Zeitgeberbausteins kommen mit anderen Spannungen aus).

Der 555 als Zeitschalter

Mit dem 555 als Zeitschalter können Sie den Nitinoldraht eine bestimmte Zeitdauer heizen, sobald der aktivierende Schalter oder Taster gedrückt wird. In dieser Betriebsart reagiert der 555 auf ein Signal an seinem Triggereingang, das einen abfallenden Spannungspegel hat. Sobald die Triggerspannung 1/3 der Betriebsspannung unterschreitet, liefert er an seinem Ausgang einen Ausgangsimpuls bestimmter Dauer t. Diese Dauer wird durch den Widerstand R_t und den Kondensator C_t festgelegt und berechnet sich gemäß $t = 1,1 \rightarrow R_t \rightarrow C_t$. Dieser Wert ist unabhängig von der Betriebsspannung. Hierbei ist C_t praktisch beliebig wählbar, während R_t nicht größer als 20 MΩ sein sollte. In der Abbildung 9.7 a) wurde als Beispiel für C_t ein 22-µF-Kondensator gewählt und für R_t ein Potenziometer (0–1 Megaohm), so dass die Schaltdauer von Hand eingestellt werden kann. Die kleinste Schaltzeit, die sich mit diesen Werten einstellen lässt, ist daher 0 Sekunden, wenn $R_t = 0$. Die längste Schaltzeit ist 24 Sekunden, wenn $R_t = 1$ Megaohm.

Der Ausgang des NE555 schaltet in diesem Beispiel ein Relais, das den Schaltkreis des Nitinoldrahts öffnet und schließt. Die Länge und Dicke des Nitinoldrahts sowie die Batterie müssen aufeinander abgestimmt sein. Die Dioden halten induzierte Spannungsimpulse vom Zeitgeberbaustein fern. Sie entstehen, wenn die Magnetspule des Relais ein- und ausgeschaltet wird.

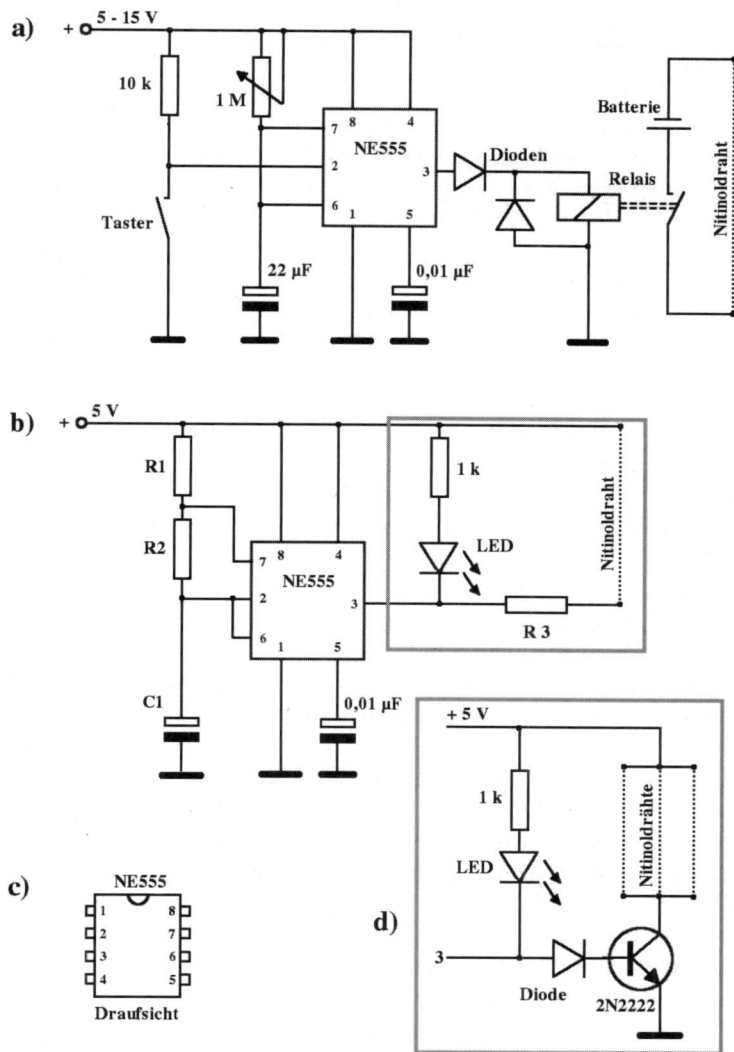

Abb. 9.7 Schaltungsbeispiele mit dem Zeitgeberbaustein NE555. a) Das Potenzio-meter und der 22-µF-Kondensator legen fest, wie lange das Relais durchschaltet, sobald der Taster gedrückt wird. b) R1, R2 und C1 bestimmen die Form und Fre-quenz des Ausgangssignals, das den Nitinoldraht periodisch heizt. Der Widerstand R3 schützt den Nitinoldraht vor zu hohen Stromstärken. Er muss je nach Länge des Nitinoldrahts gewählt werden. Der grau umrandete Teil der Schaltung kann durch die Schaltung d) ersetzt werden, sodass mehrere Nitinoldrähte aktiviert werden kön-nen.

Tabelle 9.2: Schaltzeiten in Abhängigkeit der Bauteildaten

Schaltzeit	R_t	C_t
0,1 s	50 k	2,2 µF
1,2 s	500 k	2,2 µF
3,6 s	500 k	6,6 µF
12 s	500 k	22 µF
24 s	1 M	22 µF

Der 555 als Taktgeber

In der Abbildung 9.7 b) ist der NE555 als Taktgeber verschaltet. Die Dauer des hohen Ausgangspegels berechnet sich gemäß $t_1 = 0{,}693 \cdot (R_1 + R_2) \cdot C_1$. Während dieser Zeit ist der Nitinoldraht eingeschaltet. Die Dauer des niedrigen Ausgangspegels ist $t_2 = 0{,}693 \cdot R_2 \cdot C_1$. Während dieser Zeit ist der Nitinoldraht ausgeschaltet. Die Frequenz des Taktsignals ist $f = 1/(t_1 + t_2)$ und daher $f = 1{,}44/(R_1 + 2 \cdot R_2) \cdot C_1$. In dieser Schaltung wird der Nitinoldraht direkt vom NE555 geheizt.

Tabelle 9.3: Schalttakte in Abhängigkeit der Bauteildaten

Impulse/Min.	Ein	Aus	C1	R1	R2
6	4,6 s	4,6 s	6,6 µF	1 k	1 M
12	2,3 s	2,3 s	3,3 µF	1 k	1 M
18	1,7 s	1,5 s	2,2 µF	100 k	1 M

Der Widerstand R_3 schützt den Nitinoldraht vor zu hohen Stromstärken. Er muss je nach Länge des Nitinoldrahts gewählt werden. Für einen 10 cm langen Nitinoldraht mit 0,1 mm Durchmesser liegt der Wert für R_3 bei etwa 10 Ohm, wenn eine Betriebsspannung von 5 Volt gewählt wird.

Der grau umrandete Teil der Schaltung kann durch die Schaltung d) ersetzt werden. Mithilfe des Kleinleistungstransistors 2N2222 können hierbei mehrere Nitinoldrähte aktiviert werden.

9.7 Nitinoldrähte mit dem PC steuern

Mit dem PC können wir dank seiner Anschlüsse für externe Geräte auch Nitinoldrähte steuern. Am einfachsten geht dies mithilfe der seriellen und parallelen

Schnittstelle. Im Allgemeinen ist es nicht ratsam, die zu steuernden Schaltkreise direkt mit einer Schnittstelle des PCs zu verbinden. Denn Fehler in den Schaltkreisen können die Elektronik des Computers zerstören. Zudem reicht die Stromstärke, die eine PC-Schnittstelle liefern kann, nicht unbedingt aus. Daher werden im Handel für solche Steuerungsaufgaben spezielle Schnittstellenkarten oder -adapter für den PC angeboten. Sie werden mit dem jeweiligen PC-Anschluss verbunden und lassen sich mithilfe einer Programmiersprache ansprechen.

Eine einfache Steuerelektronik für Nitinoldrähte können wir selbst bauen. Dazu nutzen wir in diesem Beispiel die parallele Schnittstelle des PCs, an die üblicherweise der Drucker angeschlossen wird.

Vorsicht! Ein Schaltungsfehler in der selbst gebauten Steuerelektronik kann den PC unter Umständen beschädigen. Es ist daher empfehlenswert, die Schaltung an einem ausgedienten PC zu testen.

Die Druckerschnittstelle
Die Anschlussbuchse des PCs, an die traditionell der Drucker angeschlossen wird, enthält 25 elektrische Kontakte, in die als Gegenstück ein Stecker mit 25 Pins passt.

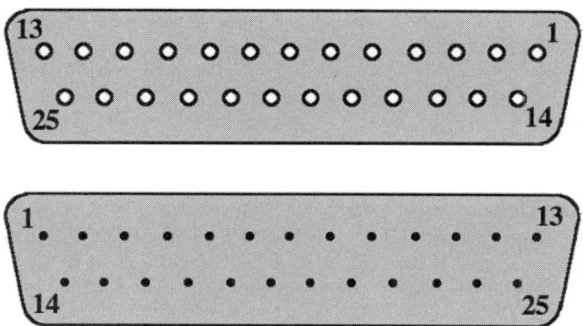

Abb. 9.8 Der Druckeranschluss am PC (oben) und das Gegenstück am Druckerkabel mit seinen 25 Pins (Sub-D 25)

Von den 25 Kontakten werden acht für die zu druckenden Daten benutzt. Sie entsprechen den Bits der Datenbytes, die nacheinander an den Drucker übertragen werden. Daneben enthält der Druckeranschluss einige Steuer- und Signalleitungen. Sie zeigen dem Drucker beispielsweise an, dass die anliegenden Daten gültig sind, melden dem PC einen Fehler oder dass der Drucker beschäftigt ist.

Tabelle 9.4: Die Leitungen des Druckeranschlusses am PC

1	Strobe – Das Signal veranlasst den Drucker, die Daten zu übernehmen.
2	Datenbit 0
3	Datenbit 1
4	Datenbit 2
5	Datenbit 3
6	Datenbit 4
7	Datenbit 5
8	Datenbit 6
9	Datenbit 7
10	Acknowledge – Der Drucker quittiert den Datenempfang.
11	Busy – Zeigt an, dass der Drucker noch beschäftigt ist.
12	Paper Error – Es ist kein Papier im Drucker oder es liegt ein technischer Defekt vor.
13	Printer online – Der Drucker ist online und kann Daten empfangen.
14	Auto-Linefeed – Der Drucker soll automatisch einen Zeilenvorschub durchführen.
15	Error – Es liegt eine technische Störung des Druckers vor.
16	Reset – Der Drucker wird veranlasst, in den Grundzustand überzugehen.
17	Select – Anwahl des Druckers.
18–25	Ground – Die einzelnen Masseleitungen sind üblicherweise mit einigen Signalleitungen verdrillt, um die Störungen zu unterdrücken.

Die Steuerschaltung am Druckeranschluss

Eine einfache Schaltung zur Steuerung der Nitinoldrähte per PC ist in Abbildung 9.9 zu sehen. Ihr wichtigster Bestandteil ist der Treiberbaustein ULN2803 mit seinen 18 Anschlüssen. Er enthält acht Darlington-Transistorpaare, die ihre Eingangssignale verstärken und Stromstärken von bis zu 0,5 Ampere liefern können. Damit ist es möglich, mehrere Nitinoldrähte gleichzeitig zu aktivieren.

Den elektrischen Kontakt mit dem Druckeranschluss erhält die Steuerschaltung mithilfe eines passenden 25-poligen Steckers. Acht seiner Pins können wir auf einer Lötplatine mit den acht Eingängen des ULN2803 verbinden, das sind die Anschlüs-

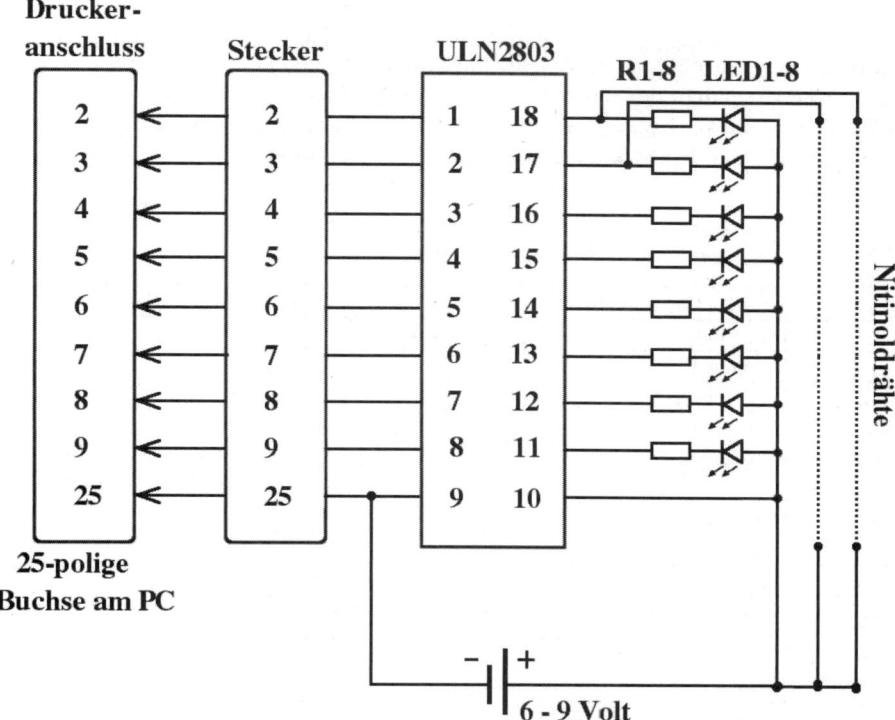

Abb. 9.9 Mit dieser elektronischen Schaltung am Druckeranschluss kann der PC Nitinoldrähte steuern.

se 1 bis 8. Wir müssen hierbei diejenigen Pins des Steckers kontaktieren, die beim Einstöpseln mit den Datenleitungen der Druckerbuchse verbunden werden. Zusätzlich verbinden wir noch den Masseanschluss 9 des Treiberbausteins mit dem Pin des Steckers, der die Masseleitung 25 der Druckerbuchse trifft.

Die Ausgänge des ULN2803 sind seine Anschlüsse 11 bis 18. Damit wir sehen, welche Ausgänge gerade aktiv sind, können wir Leuchtdioden mit ihren Vorwiderständen R1 bis R8 verwenden. Dazu schalten wir sie zwischen die Ausgänge und den Pluspol der Betriebsspannung. Die Werte der Vorwiderstände hängen von den verwendeten Leuchtdioden und der Betriebsspannung ab. Wenn wir beispielsweise rote 3-mm-Leuchtdioden verwenden, sind 220 Ohm (6 V) bis 390 Ohm (9 V) für R1 bis R3 sinnvolle Werte. Mit dem Anschluss 10 des Treiberbausteins sind interne Schutzdioden verbunden. Wir legen ihn an den Pluspol der Spannungsquelle.

Die Nitinoldrähte schalten wir zwischen die Ausgänge 11 bis 18 des ULN2803 und den Pluspol der Spannungsquelle. Sie liegen dann parallel zu den Leuchtdioden und Vorwiderständen. Um die Anschlüsse auf der Lötplatine flexibel verwenden zu können, sollten wir sie mithilfe von Stiftleisten, Flachbandkabeln, Steckkartenverbindern oder Ähnlichem herausführen. In der Abbildung 9.9 sind lediglich zwei Nitinoldrähte als Beispiele eingezeichnet, damit die Grafik übersichtlich ist. Bei manchen Anwendungen wie der wandelnden Lochrasterplatte sollen mehrere Nitinoldrähte parallel aktiviert werden. Der erhöhte Strombedarf kann gedeckt werden, indem beispielsweise drei Nitinoldrähte gleichzeitig von vier Ausgängen des Treiberbausteins versorgt werden. Dazu müssen lediglich die vier Ausgänge miteinander verbunden werden. Daran werden die drei Nitinoldrähte gemeinsam gekoppelt.

Als Spannungsquelle für die Steuerelektronik können Batterien oder Akkus dienen. Sie müssen natürlich je nach Anwendung die erforderlichen Stromstärken liefern können. Der Pluspol der Spannungsquelle ist jedenfalls nicht mit den Leitungen des Druckeranschlusses verbunden. Die Spannungsquelle hat lediglich über ihren Minuspol Kontakt mit den Masseleitungen des Druckeranschlusses.

Die Programmsteuerung
Die Steuerelektronik für die Nitinoldrähte können wir nun mithilfe einer Programmiersprache wie Basic, C oder Pascal ansprechen. Wie das genau geht, hängt vom Betriebssystem des PCs ab sowie von der Programmiersprache. Jeder hat hierbei seine eigenen Kenntnisse, Erfahrungen und Vorlieben. Für Basic-Programmierer beispielsweise scheint sich der Programmbefehl LPRINT anzubieten. Er bewirkt normalerweise, dass Daten ausgedruckt werden. Die Daten würden an den Druckeranschluss gesendet und damit an unsere Steuerelektronik. In unserem Fall würde dies zu einer Fehlermeldung des PCs führen, weil sich unsere Steuerelektronik nicht wie ein Drucker verhält. Denn üblicherweise verständigen sich PC und Drucker darüber, ob der Drucker einsatzbereit ist und wann was zu drucken ist. Unsere Steuerelektronik wartet dagegen völlig teilnahmslos darauf, dass Spannungspegel an ihren Eingängen erscheinen. Wir müssen daher einen anderen Weg finden.

Der PC spricht seine Schnittstellen nach außen an, indem er Daten, Steuerbefehle und Statusinformationen in spezielle Speicherbereiche schreibt oder von dort ausliest. Die Speicherbereiche werden Register genannt; jede Schnittstelle hat ihre eigenen. Ein PC kann drei sogenannte parallele Schnittstellen oder Ports besitzen; und der Druckeranschluss liegt traditionell an einer davon. Eine typische Adresse für das Datenregister des Druckerports ist 378H, eine andere 278H. (Das „H" zeigt an, dass es sich dabei um die hexadezimale Schreibweise handelt, die in der hardwarenahen Programmierung häufig verwendet wird. Statt der Basiszahl 10 wie im Dezimalsystem wird die 16 verwendet. 378H entspricht im Dezimalsystem 888 und

278H entspricht 632.) Welche Adresse dem Datenregister Ihres Druckerports tatsächlich zugeordnet ist, hängt von der Konfiguration Ihres PCs ab. Die verschiedenen Betriebssysteme und entsprechende Hilfsprogramme bieten die Möglichkeit, die Hardwaredaten aufzulisten. Viele Programmiersprachen ermöglichen es, Daten direkt in die Register der Druckerschnittstelle zu schreiben.

Tabelle 9.5: Mögliche Adressen des Datenregisters für den parallelen PC-Druckerport

Hexadezimal	Dezimal
378H	888
278H	632
3bcH	956

Nachdem wir die Verdrahtung unserer Steuerelektronik überprüft haben, testen wir sie mithilfe eines kleinen Programms. Um mögliche Fehler besser eingrenzen zu können, sollten noch keine Nitinoldrähte angeschlossen sein. Außerdem müssen wir die Dauer der Strompulse vorher sinnvoll einstellen, um die Drähte nicht zu überhitzen. Das Testprogramm kann beispielsweise in QBasic so aussehen:

```
DataRegister = 888
Delay = 300000
FOR i = 0 TO 255
    OUT DataRegister, i
    FOR j = 0 TO Delay
    NEXT j
NEXT i
```

Kern des Programms ist der Befehl OUT, der den Wert „i" in das Datenregister schreibt. In anderen Programmiersprachen stehen ähnliche Befehle zur Verfügung. Dabei sollten die möglichen Feinheiten des einen oder anderen Betriebssystems beachtet werden. Unter Linux und C beispielsweise muss durch die Funktion ioperm (...) der Zugriff auf die gewünschten Ein- oder Ausgabeadressen freigegeben werden. Ein Programm, das diese Funktion nutzt, benötigt Root-Rechte. Der Variablen „DataRegister" wird zu Beginn des obigen Programms die Adresse des Datenregisters der Druckerschnittstelle zugewiesen, in dem Beispiel hat sie den Wert 888. Wenn Ihr PC einen anderen Druckerport verwendet, müssen Sie den Wert entsprechend anpassen.

Die Variable i durchläuft in der FOR-Schleife die Werte von 0 bis 255, also sämtliche Werte, die ein Datenbyte annehmen kann. Bitweise sieht das so aus:

```
0:    00000000
1:    00000001
2:    00000010
3:    00000011
4:    00000100
...
...
...
255:  11111111
```

Das Datenbyte mit dem Wert 14 hat zum Beispiel das Bitmuster 00001110. Wenn das Programm dieses Byte in die Datenleitungen der Druckerschnittstelle setzt, erreicht es unsere Steuerelektronik. Dort sorgen die an den Datenleitungen anliegenden Spannungspegel dafür, dass drei Leuchtdioden leuchten. Das sind diejenigen, auf deren Datenleitungen die Einsen ausgegeben werden.

Die FOR-Schleife mit der Zählvariablen „j" verzögert den Programmablauf. Dadurch erreichen wir, dass jedes Bitmuster eine gewisse Zeit aufleuchtet und nicht sofort durch das nächste ersetzt wird. Diese Schleife zählt einfach von 0 bis zum Wert der Variablen „Delay". Je größer der Wert ist, desto länger dauert die Verzögerung. Im Programm wurde Delay der Wert 300.000 zugewiesen. Je nachdem, wie schnell oder langsam Ihr PC ist, müssen Sie den Wert eventuell anpassen.

Das Testprogramm verdeutlicht das Prinzip, nach dem sich unsere Steuerschaltung per PC ansprechen lässt. Für bestimmte Anwendungen lässt sich das Programm leicht verändern, ergänzen oder in andere Programmiersprachen übertragen.

Die verwendete Betriebsspannung der Steuerelektronik ist für kurze Nitinoldrähte verhältnismäßig hoch. Die Heizimpulse müssen daher entsprechend kurz sein, um den Draht nicht zu überlasten. Alternativ kann je nach Drahtlänge ein Vorwiderstand eingesetzt werden, der die Stromstärke begrenzt. Der Stromkreis des Nitinoldrahts kann außerdem vollständig von der Steuerelektronik getrennt werden, beispielsweise durch ein Relais. Dadurch lässt sich für jeden Nitinoldraht die passende Spannung wählen. Eine weitere, elegante Möglichkeit wird im folgenden Abschnitt beschrieben.

Nitinoldraht pulsweise heizen

Die Stromstärke, mit der unsere Steuerelektronik einen Nitinoldraht heizt, ergibt sich aus der Drahtlänge und der Höhe der Betriebsspannung. Es wäre praktisch, die Heizleistung des Drahts verändern zu können. Dadurch könnten wir sie der Drahtlänge anpassen und außerdem die Verkürzung des Drahts nach Bedarf steuern. Mit unserer PC-Steuerung können wir zwar die Stromstärke nicht an sich beeinflussen, aber die Stromstärke im zeitlichen Durchschnitt. Dazu müssen wir den Draht lediglich pulsweise heizen, statt stetig.

Je mehr Strompulse der Draht pro Sekunde erhält, desto mehr Heizleistung wird ihm pro Sekunde zugeführt. Durch Verändern der Pulsfrequenz können wir somit die Temperatur des Drahts steuern. Die Zeit zwischen zwei Pulsen sollte allerdings kürzer sein als die Zeit, die der Draht zum vollständigen Abkühlen benötigt. Solange wir zudem in einem Temperaturbereich bleiben, in dem der Draht sich noch nicht maximal zusammengezogen hat, können wir nach dieser Methode seine Verkürzung beliebig steuern.

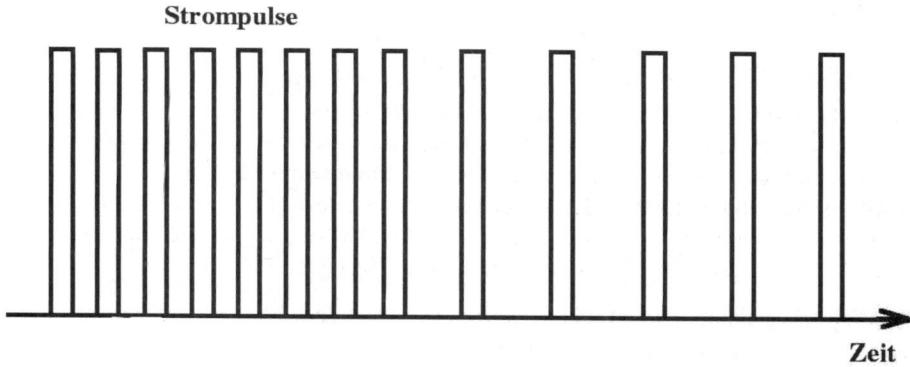

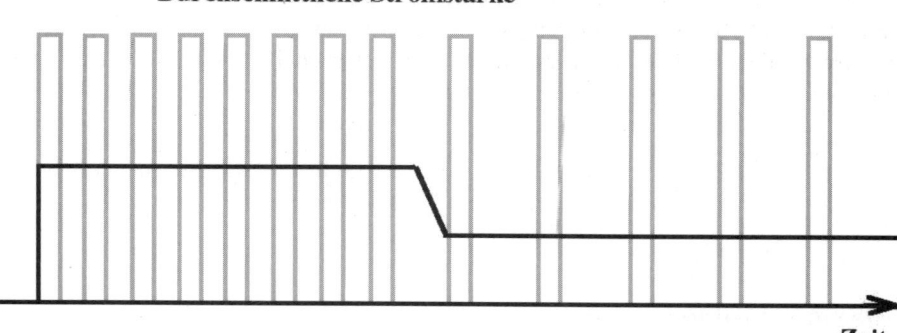

Abb. 9.10 Die Erwärmung des Nitinoldrahts hängt davon ab, wie viele Strompulse dem Draht pro Sekunde zugeführt werden. Dadurch lassen sich seine Temperatur und Verkürzung stufenlos steuern.

Das folgende Beispielprogramm verdeutlicht das Prinzip:

```
DataRegister = 888
Pulses = 20
Delay = 15000
Wires = 1
FOR i = 1 TO Pulses
    OUT DataRegister, Wires
    FOR j = 1 TO Delay
    NEXT j
    OUT DataRegister, 0
    FOR j = 1 TO Delay
    NEXT j
NEXT i
```

Die Anzahl der Strompulse wird durch die Variable „Pulses" festgelegt. In diesem Beispiel sind es 20. Die Anzahl richtet sich danach, wie lange der Draht geheizt werden soll und wie lang die Pulse und Auszeiten sind. Wenn er beispielsweise eine Sekunde geheizt werden soll und die Pulse und Auszeiten sind jeweils eine Zehntelsekunde lang, müssen wir fünf Pulse erzeugen.

Welche Drähte geheizt werden, bestimmt die Variable „Wires". Ihr wird hier eine 1 zugewiesen. Das entspricht dem Bitmuster 00000001. Es wird daher nur ein Nitinoldraht geheizt. Das ist derjenige, dem das nullte Datenbit entspricht.

Die Heizdauer pro Puls wird durch die erste Verzögerungsschleife mithilfe der Variablen „Delay" bestimmt. Deren Wert muss gegebenenfalls an die Geschwindigkeit des PCs angepasst werden. Er sollte so bemessen sein, dass ein Heizimpuls maximal etwa eine Zehntelsekunde dauert. Nun wird „0" in das Datenregister geschrieben, so dass der Heizstrom unterbrochen wird. Die Dauer dieser Auszeit wird ebenfalls durch Delay bestimmt. In diesem Beispiel sind daher die Pulsdauer und die Zeit zwischen zwei Pulsen gleich lang.

Um die Zahl der Pulse pro Sekunde zu verringern, müssen wir lediglich die Auszeit zwischen den Pulsen verlängern. Um die Auszeit beispielsweise zu verdoppeln, kann der entsprechende Programmteil folgendermaßen angepasst werden:

```
OUT DataRegister, 0
Delay = 2*Delay
FOR j = 1 TO Delay
NEXT j
```

Das Prinzip des pulsweisen Heizens können wir auch mit dem Zeitgeberbaustein 555 umsetzen, den wir weiter oben kennen gelernt haben. Wir müssen ihn lediglich als Taktgeber so beschalten, dass er pro Sekunde eine einstellbare Anzahl an Strompulsen liefert. Gegenüber einem regelbaren Vorwiderstand ist dieses Verfahren deutlich energiesparender. Denn im Vorwiderstand wird die Energie, die dem Nitinoldraht zu viel wäre, einfach verheizt.

9.8 Ausblick: Mikrocontroller

Nitinoldrähte werden insbesondere verwendet, wenn geringes Gewicht und geringer Platzbedarf gefordert sind. Ein PC ist dagegen ein klobiges Gerät, das den Vorteil des Nitinoldrahts zunichte macht. Glücklicherweise gibt es eine intelligente Steuerelektronik, die wenig Platz benötigt, das ist der Mikrocontroller. Zumindest ist die Elektronik so intelligent wie ihre Programmierung. Denn der Mikrocontroller ist ein vollständiges Computersystem auf einem einzigen Mikrochip. Daran lassen sich Sensoren anschließen, mit den passenden Treiberschaltungen auch Nitinoldrähte. Auf kleinstem Raum lassen sich damit mechatronische Geräte konstruieren. Durch die entsprechende Programmierung reagiert der Mikrocontroller beispielsweise auf Signale der Sensoren und erzeugt für den Nitinoldraht die Strompulse, die er benötigt, um sich um die angemessene Strecke zu verkürzen.

Mikrocontroller lassen sich in Assembler programmieren, einer Sprache, die nahe am einzelnen Bit hantiert. Mit den richtigen Hilfsmitteln ist es aber auch möglich, sie in Hochsprachen wie C, Pascal und Forth zu programmieren. Glücklicherweise gibt es auch für den Hobbybereich geeignete Entwicklersysteme und sogenannte *Starter Kits*. Mit deren Software werden die Programme auf dem PC erstellt, in die Sprache des Mikrocontrollers übersetzt und mithilfe der geeigneten Hardware in den Mikrocontroller geladen. Einige Mikrocontroller lassen sich sogar in einer Version der Sprache Basic programmieren, die die Mikrocontroller selbst interpretieren.

Ein Blick auf die Angebote der Elektronikhändler kann dem engagierten Bastler einen ersten Eindruck vermitteln, welches Mikrocontrollersystem für ihn geeignet sein könnte. Weitere Informationen liefern dann die Webseiten der Hersteller, Datenblätter und die vielen Treffpunkte zum Thema im Internet.

10 Das Formgedächtnis in Wissenschaft und Technik

10.1 So funktioniert das Formgedächtnis

Nitinol ist eine Nickel-Titan-Legierung mit einem Nickelanteil von um die 50 % und besitzt ein besonders ausgeprägtes Formgedächtnis. Härte und Festigkeit von Nitinol sind vergleichbar mit denen von hochwertigem Stahl. Außerdem ist Nitinol besonders unempfindlich gegen Korrosion. Durch Veränderung der chemischen Zusammensetzung kann die Aktivierungstemperatur zwischen etwa −100 °C und +100 °C festgelegt werden, wobei ein höherer Nickelanteil die Aktivierungstemperatur senkt. Die Werkstoffeigenschaften werden außerdem durch die mechanische und Wärmebehandlung der Legierung beeinflusst. Dadurch kann sogar erreicht werden, dass sich die Legierung an zwei Formen erinnert: eine bei niedriger Temperatur und eine bei hoher. Die durch dieses Zweiweggedächtnis erzielbaren Kräfte sind allerdings kleiner als beim Einweggedächnis. Heute sind etwa 20 Formgedächtnis-Legierungen bekannt, außerdem besitzen einige Kunststoffe das Formgedächtnis, insbesondere manche Gummiwerkstoffe.

Das Formgedächtnis des Nitinol und anderer Legierungen beruht auf einer speziellen Umformung ihrer kristallinen Struktur. Hierbei verschieben sich nicht einzelne Atome unabhängig voneinander, sondern es ändern ganze Atomgruppen aufeinander abgestimmt ihre Anordnung. Die meisten Atome behalten dabei ihre Nachbarn. Diese Art der Gefügeumwandlung kommt bei vielen Metallen vor, doch nur wenige besitzen ein Formgedächtnis. Denn es kommt nicht nur darauf an, dass die atomaren Nachbarschaftsverhältnisse bestehen bleiben. Zudem dürfen im Gefüge nur geringe elastische Spannungen auftreten, damit keine Verformungen entstehen, die nicht umkehrbar sind.

Um der Legierung ein Formgedächtnis aufzuprägen, muss sie entsprechend trainiert werden. Dazu muss das Werkstück im kalten Zustand zunächst passend geformt werden. Danach wird es mehrere Minuten auf einige hundert Grad Celsius erhitzt und schließlich schockgekühlt. Diese Prozedur muss einige Mal wiederholt werden, bis sich das Formgedächtnis zuverlässig einstellt.

Wenn Sie den Nitinoldraht bei niedriger Temperatur über seine normale Elastizitätsgrenze hinaus dehnen, klappen bestimmte kristalline Strukturen in eine andere

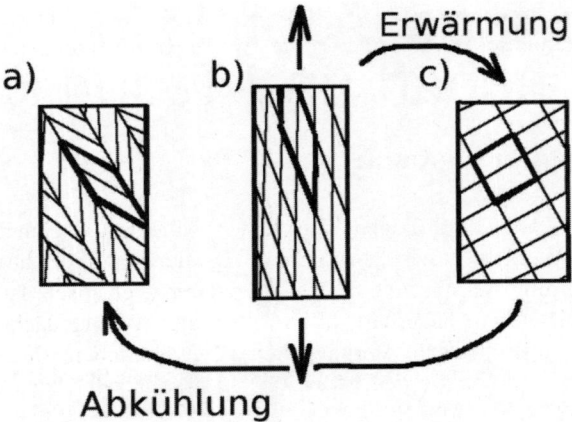

Abb. 10.1 Das Formgedächtnis des Nitinoldrahts: a) Der Draht ist im ursprünglichen, kalten Zustand. b) Beim Strecken über die Elastizitätsgrenze hinaus klappen Schichten des Drahtgefüges um und der Draht wird deutlich verlängert. c) Durch Erwärmen ändert der Draht erneut seine kristalline Struktur und verkürzt sich. Beim Abkühlen nimmt der Draht seine ursprüngliche innere Struktur an.

Lage. Diese neue Anordnung bleibt bestehen, wenn Sie den Draht entlasten – der Draht ist gestreckt. Wenn Sie den Draht erhitzen, ordnet sich seine kristalline Struktur erneut um und der Draht verkürzt sich dabei. Äußerlich scheint er wieder im Anfangszustand zu sein, doch seine kristalline Struktur ist anders. Erst wenn der Draht sich abkühlt, bildet sich die ursprüngliche Struktur zurück. Der Kreislauf kann erneut beginnen.

Wenn Sie den Draht allerdings überdehnen, wird sein kristallines Gefüge stellenweise oder als Ganzes dauerhaft verzerrt. Das Formgedächtnis geht dadurch teilweise oder vollständig verloren. Die Dehngrenze des Nitinol liegt bei 8 % Längenänderung.

Das oben beschriebene Formgedächtnis wird auch als Einwegeffekt bezeichnet. Denn der Werkstoff erinnert sich nur beim Erhitzen an eine bevorzugte Form, jedoch nicht beim Abkühlen. Für den Nitinoldraht bedeutet das, dass Sie ihn strecken müssen, um ihm seine zweite Form aufzuzwingen, von Hand, durch eine Stahlfeder oder ein Gewicht. Das wird auch äußerer Zweiwegeffekt genannt. Nach diesem Verfahren haben wir unsere Zweiwegaktoren konstruiert.

Unter bestimmten Bedingungen zeigen Formgedächtnis-Legierungen auch den sogenannten inneren oder intrinsischen Zweiwegeffekt: Wenn sie entsprechend trainiert werden, erinnern sie sich an zwei Formen – eine bei hoher, eine bei niedriger Temperatur. Das Material kann hierbei allerdings keine großen Kräfte erzeugen.

10.2 Elastisch und superelastisch

Wir können einen elastischen Werkstoff biegen oder dehnen, ohne dass er dauerhaft verformt ist. Elastizität des Werkstoffs wird zum Beispiel bei der Stahlfeder ausgenutzt. Ein Werkstoff ist allerdings nur bis zu einer gewissen Grenze elastisch. Ist die Belastung zu groß, verformt er sich dauerhaft, bricht oder reißt. Formgedächtnis-Legierungen sind dagegen superelastisch. Verglichen mit gewöhnlichen Metallen können sie bis etwa 20-fach gedehnt werden, wobei die Rückstellkraft über einen großen Bereich fast konstant ist.

Formgedächtnis-Legierungen sind knapp oberhalb ihrer Aktivierungstemperatur superelastisch. Die kristalline Struktur wird dabei nicht durch Temperaturänderung umgeformt, sondern durch mechanisches Dehnen. Durch diese Belastung nimmt das Gefüge der Legierung die Form an, die sie sonst bei der niedrigen Temperatur besitzt. Dadurch lässt sich das Werkstück umkehrbar verformen. Wird die Legierung nicht mehr gedehnt, bildet sich die ursprüngliche Struktur und Form zurück, die für die hohe Temperatur typisch ist. Da die Aktivierungstemperatur durch die Zusammensetzung der Legierung festgelegt werden kann, lassen sich superelastische Werkstücke auch für Zimmertemperatur herstellen. Anwendungen hiefür sind beispielsweise strapazierfähige Brillengestelle, die sich kaum dauerhaft verbiegen lassen, und spezielle Schwingungsdämpfer.

10.3 Anwendungen

Seit zu Beginn der 60er Jahre die besonderen Eigenschaften des Nitinol erstmals untersucht wurden, wird diese Legierung vielfältig verwendet. Seit einiger Zeit gilt Vergleichbares auch für die Kunststoffe mit Formgedächtnis. Die folgenden Beispiele stellen nur eine kleine Auswahl an Konstruktionen dar, die bereits angewendet oder gerade entwickelt werden.

Maschinen zur Energieumwandlung

Es gibt vielfältige Vorschläge, um Wärme durch die Form- und Längenänderung des Nitinols in Bewegungsenergie umzuwandeln. Bei der Wang-Maschine beispielsweise umläuft ein Nitinoldraht locker zwei Rollen. Der Draht ist lediglich durch seine Biegung an den Rollen mechanisch gespannt. Die untere Rolle ist in ein Wärmebad getaucht; dort ist die Drahtspannung durch die Drahtverkürzung erhöht und bildet am unteren Umfang der Rolle ein Kräftepaar. Eine anfängliche Drehung der Rollen verschiebt dieses Kräftepaar etwas nach rechts oder links und hält die Drehung dadurch aufrecht.

Ein weiteres Beispiel ist die Banks-Maschine. Bei ihr rotieren Nitinolschlaufen mit Zweiweggedächtnis in einem zylindrischen Trog. Dabei werden sie abwechselnd durch ein warmes und kaltes Bad geschleppt, wo sie sich jeweils ausdehnen oder

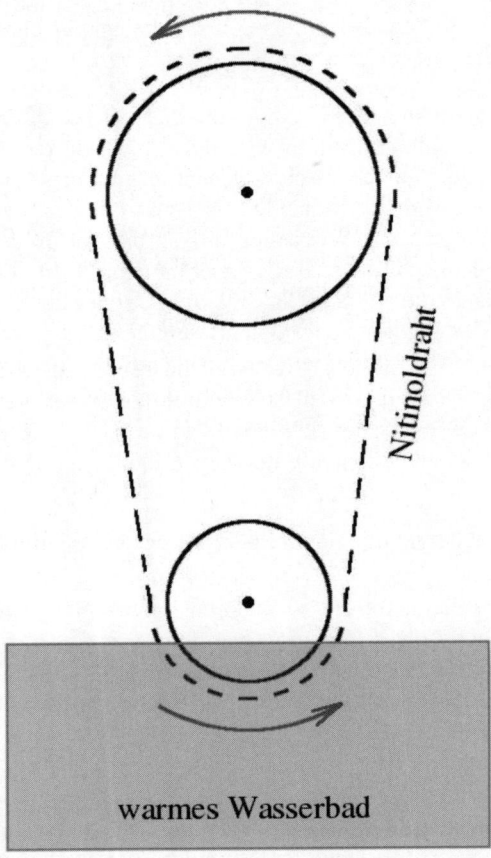

Abb. 10.2 Das Prinzip der Wang-Maschine ist besonders einfach und elegant. Je nachdem, wie die Maschine gestartet wird, dreht sie rechts oder links herum.

zusammenziehen. Die Schlaufen hängen an den Speichen eines Rades, dessen Nabe vom Radzentrum etwas versetzt ist. Während sich die Schlaufen ausdehnen, drücken sie gegen die „Radfelge". Diese Kraft wirkt nicht nur nach außen, sondern auch längs des Radumfangs und dreht dadurch das Rad.

Solche Wärmekraftmaschinen haben den Vorteil, verhältnismäßig kleine Temperaturunterschiede ausnutzen zu können; ihr Wirkungsgrad ist allerdings gering.

Medizin

Nach einem Knochenbruch wird die Heilung begünstigt, wenn die Bruchstücke gegeneinander gepresst werden. Diese Aufgabe kann von speziellen Schienen aus Nitinol übernommen werden, die mit den Knochenteilen verschraubt werden. Nachdem die Schienen erwärmt wurden, ziehen sie die Bruchstücke gegeneinander. Aber das ist noch gar nichts.

Eine Operation am Herzen nach der herkömmlichen Methode belastet den Patienten aufs äußerste. Denn der Brustkorb wird geöffnet, das Herz still gelegt und der Patient durch eine Herz-Lungen-Maschine versorgt. Daher werden Methoden entwickelt, die diese Prozedur vermeiden. Hierfür werden auch die Fähigkeiten des Nitinols eingesetzt, beispielsweise um eine geschädigte Herzklappe zu ersetzen. Das Entwicklungsziel: Ein Kathetersystem führt das 25 Millimeter große Klappenimplantat über die Leistenschlagader bis zum Herzen.

Das wichtigste Hilfsmittel für diese Art von Schlüssellocheingriff ist der sogenannte *Stent*. Auf dem Weg durch die Ader ist er extrem zusammengefaltet und führt die neue Herzklappe mit sich. An der richtigen Position wird der Stent aus dem Katheter geschoben. Dort öffnet er sich wie ein Regenschirm und entfaltet die Herzklappe.

Die Struktur des Stents wird mit einem Speziallaser in ein Nitinolröhrchen geschnitten und in die gewünschte Form gebogen. Danach wird das Formgedächtnis wie üblich bei bestimmten Temperaturen trainiert. Gekühlt lässt sich der Stent nun zusammenfalten. Wird er durch die Körpertemperatur erwärmt, nimmt er die vorher eingeprägte Form an. Damit sich der Stent im Körper nicht zu früh entfaltet, wird er durch den Spezialkatheter während seines Wegs zum Herzen gekühlt.

Kfz-Sicherheitstechnik

Formgedächtnislegierungen erhöhen im und am Auto dessen passive und aktive Sicherheit. Mit elektronisch gesteuerten Nitinoldrähten lassen sich die Außenrückspiegel in die richtige Stellung drehen. Ohne viel Platz zu benötigen, können sie außerdem den Blendschutzspiegel blitzschnell aus der Normalposition in die Blendschutzposition kippen. Ähnliche Aktoren können die Klappen des Klimakontrollsystems bewegen und die Scheinwerfer in Kurvenrichtung drehen, um die Straße in Fahrtrichtung besser auszuleuchten.

Rückhaltegurte erhöhen die Sicherheit erheblich. Beim Frontalaufprall mit hoher Geschwindigkeit funktionieren sie unter Umständen zu gut. Wenn sie die nach vorne schnellenden Fahrgäste zu abrupt festhalten, können sie durch die Wucht dieser Bremskräfte verletzt werden. Daher gibt es Gurtkraftbegrenzer, die zwischen die Gurte und das Fahrzeuggestell eingebaut werden. Entwicklungen, die die Dämpfungseigenschaften der Formgedächtnislegierungen ausnutzen, können eine zuverlässige, kostengünstige und platzsparende Alternative zu herkömmlichen Systemen werden. Der Dämpfer selbst ist dabei im Wesentlichen ein Stück Draht oder ein Metallstift.

Maschinen- und Anlagenbau

Widerstandsfähige und platzsparende Rohr- und Steckverbindungen lassen sich durch den Anpressdruck von Nitinolringen herstellen und zerstörungsfrei wieder lösen. Im Leitungsgewirr moderner Kampfjets erleichtern sie dadurch die Wartung. Unzugängliche Abwasserrohre lassen sich durch Rohre aus Formgedächtnispolymer instand setzen. Das in Längsrichtung U-förmig gefaltete Polymerrohr wird in die marode Leitung geschoben. Heißer Dampf lässt es seine ursprüngliche Zylinderform annehmen, so dass die Leitung von innen passgenau ausgekleidet ist.

Thermostatische Regelventile für Heizkörper können den Anpressdruck einer Nitinolfeder ausnutzen. Er erhöht sich mit steigender Temperatur, weil dadurch immer größere Anteile der kristallinen Federstruktur ihre ursprüngliche Form annehmen. Ähnlich können die Einspritzdüsen von Autovergasern geregelt werden.

Luftfahrt

Die Formen der Tragflächen und Rotorblätter von Flugzeugen und Hubschraubern können durch Formgedächtnislegierungen momentanen Strömungsverhältnissen angepasst werden. Beispielsweise sollen sich durch Nitinoldrähte die sogenannten *Winglets* an den Flügelenden den Flugsituationen anpassen und den Luftwiderstand möglichst klein halten.

Robotik und Raumfahrt

Dort, wo Roboter biologische Systeme nachahmen sollen, werden besonders häufig Aktoren aus Nitinol verwendet. Manchen Robotern verleihen sie sogar einen fast menschlichen Bewegungsapparat, da bei ihnen die Muskeldrähte ähnlich wie Muskelfasern die künstlichen Arme und Beine bewegen. Andere Roboter ähneln Schlangen, Würmern, Spinnen oder Ameisen. Nitinolaktoren sind hierbei beliebt, weil sie kompakte Bauformen ermöglichen und verhältnismäßig kostengünstig sind. Durch die „Massenproduktion" von Roboterameisen lässt sich auch deren Sozialverhalten simulieren und erforschen. Der Fischroboter hat dagegen den Vorteil der Wasserkühlung. Dadurch können sich seine Nitinoldrähte schneller entspannen und pro Sekunde mehrmals arbeiten.

In der Raumfahrt zählen Zuverlässigkeit, Platzersparnis und geringes Gewicht. Nitinolaktoren bieten sich daher an, um im Weltraum beispielsweise Antenne oder Ausleger für Solarpanele zu entfalten. Als kostenlose Wärmequelle kann hierbei die Sonne dienen. Bei der Planetenerkundung sind Roboter die Vorhut des Menschen, beispielsweise in Form der erfolgreichen Marsrover. Einfache Nitinolaktoren wurden hier schon unterstützend eingesetzt. Für die Zukunft wird an Robotern gearbeitet, die ihre Form veränderlichen Umweltbedingungen und Aufgaben anpassen können. Einige dieser Roboter sollen sich selbstständig und flexibel aus mehreren einfach aufgebauten Einheiten zusammensetzen. Jede dieser Einheiten kann selbst nur wenige Funktionen und Bewegungen ausführen. Zusammen aber sind sie anpassungsfähig, beweglich und intelligent. Formgedächtnis-Legierungen können hierbei eine wichtige Rolle spielen.

Die universellen Bauteile
Dank des Formgedächtniseffekts können bereits heute einige Bauteile ihre Form ändern und sich speziellen Anforderungen anpassen. Doch die Vision der Ingenieure ist viel umfassender und kann trotzdem in absehbarer Zukunft Realität werden: Das zunächst funktionslose Bauteil wird entsprechend seiner späteren Verwendung programmiert.

Dem Bauteil werden hierbei an verschiedenen Stellen unterschiedliche Formgedächtnisse eingeprägt. Dazu werden in einem Werkstück Pseudoelastizität, Einwegeffekt und Zweiwegeffekt sinnvoll kombiniert. Dadurch können Gelenke, Aktoren und elastische Elemente entstehen und nebeneinander agieren. Wenn einzelne funktionale Einheiten des Bauteils zusätzlich unterschiedliche Aktivierungstemperaturen erhalten, hilft dies, die Einheiten gezielt anzu-regen.

Diese „Programmierung" der Bauteile entspricht in etwa der Herstellung elektronischer Computerchips, die erst nach ihrer Programmierung bestimmte Funktionen übernehmen. Die Bauteile werden allerdings nicht elektronisch programmiert, sondern insbesondere durch örtliche Hitzebehandlung. Dazu muss zunächst das Formgedächtnis des gesamten Bauteils gelöscht werden, beispielsweise durch Kaltwalzen. Durch gezielte örtliche Erwärmung, zum Beispiel mittels Laser, kann dort das Formgedächtnis reaktiviert werden.

Funktional programmiertes Bauteil

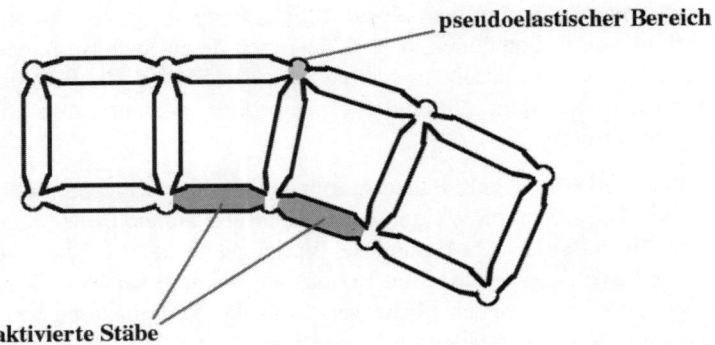

pseudoelastischer Bereich

aktivierte Stäbe

Abb. 10.3 Forschungsziel funktional programmierbare Bauteile am Beispiel einer gestanzten Formgedächtnisstruktur. Im ursprünglich funktionslosen Bauteil sind örtlich Formgedächtnisse eingeprägt. Aktive Bereiche mit Einweg- oder Zweiwegeffekt sorgen für Bewegung, passive, pseudoelastische Bereiche fungieren als Gelenke.

Zwei mögliche Anwendungen funktional programmierter Bauteile sind das haptische Display und die intelligente Prothese. Das haptische Display ähnelt dem Touchscreen, besitzt aber weit mehr Möglichkeiten. Die Oberfläche dieses Displays ist veränderlich, so dass der Benutzer die Funktion eines Tastenelements erfühlen kann. Zusätzlich kann die Oberfläche des Displays erfühlbare Informationen darstellen. So können beispielsweise der Autofahrerin oder dem Autofahrer wichtige Fahrzeugdaten oder Warnhinweise in das Lenkrad eingespielt werden. Der Blick kann auf der Straßenführung bleiben. Auch Blinden können in Zukunft haptische Displays wertvolle Hilfen bieten. Als weitere Anwendung werden Möbel, Wände oder Geräte auf ihren Oberflächen Steuerungs-, Bewegungs- und Informationsfunktionen je nach Bedarf anbieten.

Zukünftige Prothesen werden das fehlende Körperglied immer besser ersetzen können. Durch das Zusammenspiel von Mikrocomputern sowie funktional programmierter Bauteile werden sie sich dem Patienten und den augenblicklichen Anforderungen flexibel anpassen können. Formgedächtniselemente können dabei die Funktion von Adaptern, Gelenken, Dämpfern und Antrieben übernehmen.

Wir befinden uns gerade am Anfang einer faszinierenden Entwicklung intelligenter Werkstoffe und Bauteile, deren Möglichkeiten noch niemand in ihrer Gesamtheit absieht. Ein kleines Element dieser Entwicklung liegt vielleicht gerade vor Ihnen, in Form eines Stücks Draht.

Anhang

Bezugsquellen

Nitinoldraht

Peter Stöhr
Mikromodellbau
Blumenstraße 26
96271 Grub am Forst
Tel.: (0 95 60) 92 10 30
http://www.mikromodellbau.de

Mondotronics
4460 Redwood Hwy #16-307
San Rafael, CA 94903
Tel.: 001 415 491 46 00
http://www.mondotronics.com

Dynalloy
3194-A Airport Loop Drive
Costa Mesa, California 92626-3405
Tel.: 001 714 436 12 06
http://www.dynalloy.com

Elektronik, Modellbau und Robotik

Conrad Electronic
Klaus-Conrad-Str. 1
92240 Hirschau
Tel.: (01 80) 5 31 21 11
http://www.conrad.de

Reichelt Elektronik
Elektronikring 1
26452 Sande
Tel: (0 44 22) 95 53 33
http://www.reichelt.de

Literaturhinweise

Einige Ausgaben der folgenden Bücher enthalten kleine Bausätze inklusive Nitinol-draht.

Fred Wagenknecht
Erfolgreich experimentieren mit Nitinol-Mini-Robotern
Franzis Verlag, 2000

Roger G. Gilbertson
Muscle Wires Project Book
Mondo-Tronics, 1993

James M. Conrad, Jonathan W. Mills
Stiquito for Beginners: An Introduction to Robotics
IEEE Computer Society Press, 1999

James M. Conrad, Jonathan W. Mills
Stiquito: Advanced Experiments with a Simple and Inexpensive Robot
IEEE Computer Society Press, 1997

James M. Conrad, Jonathan W. Mills
Stiquito Controlled! Making a Truly Autonomous Robot
Wiley & Sons, 2005

Stichwortverzeichnis

Vor genau 100 Jahren erfand Tesla in den USA die nach ihm benannten Teslageneratoren, mit denen er bis zu 4 Millionen Volt erzeugte und die damalige Fachwelt in Erstaunen versetzte. Des weiteren entdeckte er, dass ein mit hoher Frequenz und Spannung betriebener Schwingkreis in benachbarte Schwingkreise gleicher Resonanzfrequenz beachtliche Energien übertragen konnte. Darauf aufbauend verfolgte er viele Jahre seines Lebens das Ziel, elektrische Energie weltweit ohne Kabel zu übertragen.

Das große Tesla-Experimentier-Handbuch

Wahl, Günter; 2004; 420 Seiten

ISBN 978-3-7723-**5505-9**

€ **19,95**

Besuchen Sie uns im Internet – www.franzis.de

Anhand von selbstgebauten Hochspannungs- und Hochfrequenzgeneratoren und praxisnaher Experimente werden interessante Erfahrungen gesammelt, die als Grundlage weiterer Studien und Versuche dienen können. Das Buch beinhaltet auch den Aufbau völlig ungefährlicher Influenzmaschinen. Bei Versuchen mit dem Blitzschwert, der Plasma-Kanone, dem Plasmaoiden-Blitz und dem explodierenden Draht blitzt und kracht es ganz gewaltig.

Das große Hochspannungs- und Hochfrequenz-Experimentier-Handbuch

Kronjäger/Kehrle/Wahl/Chmela; 2005; 575 Seiten

ISBN 978-3-7723-**5907-1**   € **19,95**